信息技术应用创新丛书

麒麟桌面操作系统应用

陈荣斌　张宗福　罗志君　主编

郭亚东　叶春晓　黄君羡　副主编

U0207735

电子工业出版社·

Publishing House of Electronics Industry

北京·BEIJING

内 容 简 介

本书采用场景化的项目案例展开，围绕桌面管理员岗位对麒麟操作系统桌面版的安装、应用与维护等核心要求，设计了7个递进式的项目，让读者通过在业务场景中的学习和实践，快速掌握相关技能，促进养成规范的系统操作习惯，助力高效办公。本书内容丰富，涵盖了信息技术应用创新产业的多个方面，包括该产业的发展背景、政策支持、技术体系、产品应用等。同时，书中还穿插了大量的案例分析和实践操作，帮助读者更好地理解和掌握信息技术应用创新产业的相关知识和技术。

本书具有广泛的适用性和普及性，可以作为职业院校信息技术的通识课程教材，培养学生的信息技术创新能力；也可以被适配中心用作普及数字政府的专业教材，提高政府部门的信息化水平；还可以作为科普教育的图书，面向全年龄段的读者，包括中小学生、相关行业从业人员等，普及信息技术应用创新的知识和技术。图书提供了微课、PPT、实践项目等数字化学习资源，以方便院校教师教学和学习者自学。

未经许可，不得以任何方式复制或抄袭本书之部分或全部内容。
版权所有，侵权必究。

图书在版编目（CIP）数据

麒麟桌面操作系统应用 / 陈荣斌，张宗福，罗志君

主编 . -- 北京：电子工业出版社，2024.7. -- ISBN
978-7-121-48232-8

Ⅰ. TP316

中国国家版本馆 CIP 数据核字第 2024QS9997 号

责任编辑：孙　伟　文字编辑：王英欣

印　　刷：三河市君旺印务有限公司

装　　订：三河市君旺印务有限公司

出版发行：电子工业出版社

　　　　　北京市海淀区万寿路 173 信箱　邮编 100036

开　　本：787×1092　1/16　印张：11.75　字数：300.8 千字

版　　次：2024 年 7 月第 1 版

印　　次：2024 年 7 月第 1 次印刷

定　　价：42.80 元

凡所购买电子工业出版社图书有缺损问题，请向购买书店调换。若书店售缺，请与本社发行部联系，联系及邮购电话：（010）88254888，88258888。

质量投诉请发邮件至 zlts@phei.com.cn，盗版侵权举报请发邮件至 dbqq@phei.com.cn。

本书咨询联系方式：（010）88254609 或 zhy@phei.com.cn。

信息技术应用创新丛书编委会

（以下排名不分顺序）

编委会信息

主任：

孙永泉　国家政法智能化技术创新中心

副主任：

鄢　威　广东粤科普集团有限公司

陈志量　江门市科普传媒集团有限公司

林　华　江门市市域社会智慧治理技术创新中心（江门市市域社会智慧治理
应用示范基地）

郑文辉　江门市技师学院

委员：

林安江　广东印星科技有限公司

陈皓庭　江门市五邑信息工程咨询监理有限公司

苏耀墀　江门市气象局

阮剑亮　广东省教育行业信创适配中心

闫庚翔　北京普睿德利科技有限公司

李伟江　广东省江门市公安局

罗峤伊　北京普睿德利科技有限公司

李同心　广州诸华信息科技有限公司

李　健　北京普睿德利科技有限公司

潘仙玉　北京普睿德利科技有限公司

王丹丹　青岛高新职业学校

李元元　广州立源电子科技有限公司

曹声杰　广州立源电子科技有限公司

编者信息

主编：

陈荣斌　江门职业技术学院

张宗福　江门市技师学院

罗志君　数字江门网络建设有限公司

副主编：

郭亚东　江门职业技术学院

叶春晓　广州市公用事业技师学院

黄君羡　广东交通职业技术学院

参编：

罗庆佳　江门职业技术学院

陈虹安　江门职业技术学院

陈国豪　江门职业技术学院

文瑞映　江门职业技术学院

张健祥　江门市信息技术应用创新联合实验室

霍伟杰　江门市信息技术应用创新联合实验室

容健行　江门市信息技术应用创新联合实验室

黄俊杰　江门市信息技术应用创新联合实验室

吴健勇　江门市信息技术应用创新联合实验室

梁浩辉　深圳市虞小馆教育科技有限公司

陈冠希　深圳市虞小馆教育科技有限公司

主审：

王伟　　智慧互通科技股份有限公司

前　言

信息技术应用创新产业是国家战略性新兴产业，对保障国家信息安全、推动经济高质量发展具有重要意义。近年来，随着信息技术的快速发展，信息安全问题日益突出，信息技术应用创新已成为推动国家发展的重要力量。为了普及和推广信息技术应用创新产业的相关知识和技术，江门职业技术学院、江门市科普传媒集团有限公司、数字江门网络建设有限公司、江门市技师学院、江门市信息技术应用创新联合实验室（该实验室由江门市市属国有企业数字江门网络建设有限公司和江门市科普传媒集团有限公司联合申报，并通过广东省数字政府信息技术应用创新适配中心认定）等机构联合编撰了信息技术应用创新丛书。本书是该系列丛书的第一本，主要介绍麒麟桌面操作系统的基本知识和应用技巧。

本书的出版是"信息技术应用创新＋科普"融合发展的第一次实践，旨在：

（1）通过书本提高公众对信息技术应用创新的认识和理解，增强信息安全意识；

（2）向公众介绍信息技术应用创新的基本概念、发展历程、应用领域等，帮助他们更好地了解信息技术应用创新的重要性和影响；

（3）介绍信息技术应用创新的应用案例和成功经验，激发公众对信息技术应用创新的兴趣和热情，促进信息技术应用创新的应用和推广；

（4）为学生和科技爱好者提供学习和了解信息技术应用创新的资源，激发他们对信息技术应用创新的兴趣和热情，培养信息技术应用创新人才；

（5）为信息技术应用创新的研究和发展提供参考和借鉴，推动信息技术应用创新的发展。

麒麟软件是信息技术应用创新桌面操作系统的领军型企业，麒麟桌面操作系统已作为主流的办公系统应用于政府、教育、金融、交通等部门。近年来，我国加快推进信息技术应用创新建设工作，"十四五"期间，各IT行业将大规模使用国产操作系统，以增强我国基础软件的自主可控和网络信息安全。麒麟桌面操作系统的安装、配置和维护等技能已成为办公人员的必备技能之一。

本书采用场景化的项目案例展开，通过标准化业务实施流程驱动学习过程，让读者快速掌握麒麟桌面操作系统的核心技能，促进养成规范的系统操作习惯。

本书极具职业特征，具体特色如下。

1. 课证融通、校企双元开发

本书由江门职业技术学院、江门市科普传媒集团有限公司、数字江门网络建设有限公司、江门市技师学院、江门市信息技术应用创新联合实验室等机构联合编撰。本书融入了麒麟服务技术标准和麒麟 KOSA 认证考核标准，导入了 Kylin 桌面版应用的典型项目案例和标准化业务实施流程；高校教师团队按应用型人才培养要求和教学标准，考虑学习者认知特点，将企业资源进行教学化改造，形成工作过程系统化教材，教材内容符合系统管理工程师岗位技能培养要求。

2. 项目贯穿、课产融合

递进式场景化项目重构课程序列。本书基于工作过程系统化方法，按照操作系统的安装、应用和维护过程，基于简单到复杂这一规律，设计了 7 个进阶式项目。将 Kylin 桌面操作系统应用的知识碎片化，在每个项目中按需融入相关知识。读者通过进阶式的学习与训练，不仅可以快速掌握相关的知识和技能，还能深入了解知识的应用场景，积累项目实施的业务流程经验。Kylin 桌面操作系统学习地图如下图所示。

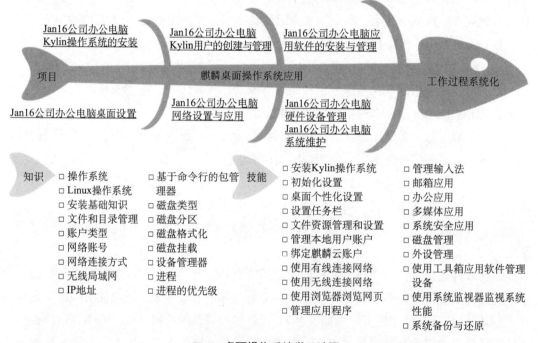

Kylin 桌面操作系统学习地图

用业务流程驱动学习过程。本书中的项目按企业工程项目实施流程分解为若干工作任务。通过项目目标、项目描述、项目分析、相关知识等环节为任务做铺垫；任务实施过程由任务规划、任务实施和任务验证等部分构成，符合工程项目实施的一般规律。学习者通过 7 个项目的渐进学习与训练，逐步熟悉桌面管理员岗位中 Kylin 操作系统的安装、应用与维护的应用场景，熟练掌握业务实施流程，养成良好的职业素养。

3. 实训项目具有复合性和延续性

考虑企业真实工作项目的复合性，编者精心设计了课程实训项目。实训项目不仅考核与本项目相关的知识、技能和业务流程，还涉及前序知识与技能，强化了各阶段知识点、技能点之间的关联，让读者熟悉知识与技能在实际场景中的应用。

本书若作为教学用书，参考学时为32～40学时，各项目的参考学时如下表所示。

学时分配表

项目名称	课程内容	学时
项目1　Jan16公司办公电脑Kylin操作系统的安装	安装Kylin操作系统	4
	初始化设置	
项目2　Jan16公司办公电脑桌面设置	桌面个性化设置	4
	设置任务栏	
	文件资源管理和设置	
项目3　Jan16公司办公电脑Kylin用户的创建与管理	管理本地用户账户	4
	绑定麒麟云账户	
项目4　Jan16公司办公电脑网络设置与应用	使用有线连接网络	4
	使用无线连接网络	
	使用浏览器浏览网页	
项目5　Jan16公司办公电脑应用软件的安装与管理	管理应用程序	4
	管理输入法	
	邮箱应用	
	办公应用	
	多媒体应用	
	系统安全应用	
项目6　Jan16公司办公电脑硬件设备管理	磁盘管理	4～8
	外设管理	
项目7　Jan16公司办公电脑系统维护	使用工具箱应用软件管理设备	4～8
	使用系统监视器监视系统性能	
	系统备份与还原	
综合考核		4
课时总计		32～40

本书由陈荣斌、张宗福和罗志君担任主编，郭亚东、叶春晓和黄君羡担任副主编，全体编者信息如下。

参编单位	编者
江门职业技术学院	陈荣斌、郭亚东、罗庆佳、陈虹安、陈国豪、文瑞映
江门市技师学院	张宗福、李智宏、周伟强
江门科普传媒集团有限公司	关耀武
数字江门网络建设有限公司	罗志君
江门市信息技术应用创新联合实验室	张健祥、霍伟杰、容健行、黄俊杰、吴健勇
广州市公用事业技师学院	叶春晓
广东交通职业技术学院	黄君羡
正月十六工作室	蔡君贤

由于编者水平和经验有限，书中难免存在不足及疏漏之处，恳请读者批评指正。读者可登录华信教育资源网（www.hxedu.com.cn）下载本书相关资源。

编　者

2024 年 1 月

目　　录

项目 1　Jan16 公司办公电脑 Kylin 操作系统的安装

 项目目标

知识目标:

（1）了解麒麟（Kylin）操作系统的功能。

（2）了解 Kylin 操作系统的启动方法。

能力目标:

（1）能完成 Kylin 操作系统的启动与登录。

（2）能完成操作系统的初始化配置。

素质目标:

（1）理解推广和应用自主可控的国产操作系统的重要意义，树立职业荣誉感和爱国意识。

（2）了解国产操作系统的发展史，激发创新和创造意识。

（3）树立严谨操作、精益求精的工匠精神。

项目描述

Jan16 公司信息中心由信息中心主任黄工、系统管理组的系统管理员赵工和宋工 3 位工程师组成，组织架构图如图 1-1 所示。

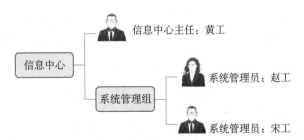

图 1-1　Jan16 公司信息中心组织架构图

Jan16 公司信息中心办公网络由三台主机组成，PC1、PC2、PC3 均采用国产鲲鹏主机，要求安装 Kylin 操作系统（桌面版）。信息中心办公网络拓扑如图 1-2 所示。

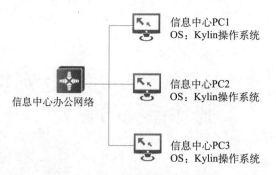

图 1-2　信息中心办公网络拓扑

PC1、PC2、PC3 用于日常办公，安装 Kylin 操作系统后需进行初始化配置。

项目分析

Kylin 操作系统是一款高安全、高可用、高性能的国产操作系统。

因此，本项目需要系统管理员熟悉 Kylin 操作系统的安装方式、配置要求、安装过程，以及用户登录方法。本项目涉及以下工作任务。

（1）安装 Kylin 操作系统。

（2）Kylin 操作系统初始化配置。

相关知识

麒麟操作系统简称 Kylin，是麒麟软件有限公司打造的一款国产操作系统，该操作系统包括 Kylin 桌面版和 Kylin 服务器版。

麒麟软件有限公司（简称"麒麟软件"）是中国电子信息产业集团有限公司旗下科技企业，2019 年 12 月由天津麒麟信息技术有限公司和中标软件有限公司强强整合而成。麒麟软件以安全可控操作系统技术为核心，面向通用和专用领域打造安全创新操作系统产品，现已形成了服务器操作系统、桌面操作系统、嵌入式操作系统、麒麟云等产品，能够同时支持飞腾、龙芯、鲲鹏等国产主流 CPU。企业坚持开放合作打造产业生态，为客户提供完整的国产化解决方案。

麒麟软件先后申请专利 799 项，其中授权专利 378 项，登记软件著作权 619 项，主持和参与起草国家、行业、联盟技术标准 70 余项。

麒麟软件在北京、上海、长沙、广州、太原、郑州、成都、西安、沈阳等地设有分支机构，服务网点遍布全国 31 个省会城市。旗下的操作系统系列产品，在党政、国防、金融、电信、能源、交通、教育、医疗等行业获得广泛应用。根据赛迪顾问统计，麒麟软件旗下操作系统产品，连续 12 年位列中国 Linux 市场占有率第一名。

1.1   操作系统介绍

1. 操作系统简介

操作系统（Operating System，OS），即操作计算机的系统，是控制和管理整个计算机系统的硬件和软件资源，并合理地组织调度计算机的工作和资源的分配，以提供给用户和其他软件方便的接口和环境的程序集合。操作系统位于硬件和应用程序之间，如图 1-3 所示，OS 作为计算机硬件之上的第一层软件，为上层的应用程序提供了良好的应用环境，并且让底层的硬件资源高效地协作，完成特定的计算任务。由于 OS 具有良好的交互性，用户能够通过操作界面以非常简便的方式对计算机进行操作。

图 1-3   操作系统在计算机中的位置

2. 操作系统的核心功能

1）进程管理

现代计算机系统采用多道程序技术，允许多个程序并发执行，共享系统资源。多道程序技术出现后，为了描述并发执行的程序的动态特性并控制其活动状态，操作系统抽象出了"进程"这一概念。使用进程作为描述程序执行过程且能用来共享资源的基本单位。操作系统为进程分配合理的硬件资源，控制进程状态的转换，完成计算机并发任务的执行。

如何让不同进程合理共享硬件资源呢？首先操作系统需要保持对硬件资源的管理。操作系统通过系统调用向进程提供服务接口，限制进程直接进行硬件资源操作。如果需要执行受限操作，进程只能调用这些系统调用接口，向操作系统传达服务请求，并将 CPU 控制权移交给操作系统。操作系统接收到请求后，再调用相应的处理程序完成进程所请求的服务。

如何实现多个进程的并发执行呢？各进程需要以时分复用的方式共享 CPU。这意味着操作系统应该支持进程切换：在一个进程占用 CPU 一段时间后，操作系统应该停止它的运行并选择下一个进程来占用 CPU。为了避免恶意进程一直占用 CPU，操作系统利用时钟中断，每隔一个时钟中断周期就中断当前进程的执行，来进行进程切换。

2）内存管理

系统中的程序和代码在被 CPU 调度执行之前需要先加载到内存中，当多个进程并发执行时，所有的并发进程都需要被加载到内存中，所以内存成为影响操作系统性能的关键因素。操作系统的内存管理主要解决并发进程的内存共享问题，通过虚拟内存、分页机

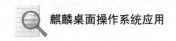
制、利用外存对物理内存进行扩充等技术提高内存利用率和内存寻址效率。

3）文件系统管理

虽然内存为系统提供了快速的访问能力，但因为内存的容量较为有限，一旦断电，保存在其中的数据就会丢失。所以计算机通常采用磁盘等外存来持久化地存储数据。为了简化外存的使用，操作系统将磁盘等外存抽象成文件（file）和目录（directory），并使用文件系统（file system）管理它们。操作系统可以选择多种物理文件系统，如 EXT4、FAT32、NTFS 等，用户或应用程序通过文件系统可以方便地完成 I/O 操作，将数据输入磁盘或从磁盘输出，实现持久化的数据存储，同时实现文件存储空间管理、目录管理、文件读写管理和保护。

4）硬件驱动管理

操作系统作为用户操作底层硬件的接口，管理着计算机各类 I/O 设备，操作系统通过可加载模块功能，将驱动程序编辑成模块以识别底层硬件，以便上层应用程序使用 I/O 设备。所以操作系统会提供开发接口给硬件厂商制作这些硬件的驱动程序，而操作系统获取硬件资源后完成设备分配、设备控制和 I/O 缓冲区管理任务。

5）用户交互界面

操作系统为用户提供了可交互性的环境，让用户更加容易地使用计算机。一般来说，用户与操作系统交互的接口分为命令接口和 API 接口两种。

（1）命令接口

用户通过输入设备或在作业中发出一系列指令，传达给计算机，使计算机按照指令执行任务。常见的命令接口有两种，一种是追求高效的命令行界面（Command Line Interface，CLI），用户界面字符化，使用键盘作为输入工具，通过输入命令、选项、参数来执行程序。MS-DOS 系统提供的就是字符交互方式。另一种是强调易用性的图形用户界面（Graphical User Interface，GUI），用户界面的所有元素图形化，主要使用鼠标作为输入工具，使用按钮、菜单、对话框等进行交互。Windows 系统主要采用图形交互方式。

（2）API 接口

API 接口主要由系统调用（system call）组成。每一个系统调用都对应着一个在内核中实现、能完成特定功能的子程序。通过这种接口，应用程序可以访问系统中的资源和获取操作系统内核提供的服务。

3. 常见的操作系统

操作系统有不同的交互式界面，如以 DOS 系统为代表的命令行界面和以 Windows 系统为代表的图形用户界面。由于 Windows 具有良好的交互性，Windows 系列的操作系统已成为个人计算机中使用度最广的桌面操作系统。除 Windows 以外，还有其他多种主流操作系统，如图 1-4 所示。

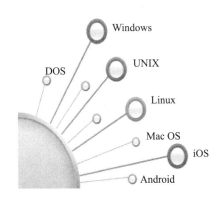

操作系统	应用场景
Linux	企业服务器，注重稳定性和性能，类UNIX系统，开源免费
UNIX	企业服务器，注重稳定性和性能
Windows	PC，注重易用性
Mac OS	PC，注重易用性和个人体验
Android	移动端，注重易用性和个人体验
iOS	移动端，注重易用性和个人体验
DOS	PC，很少单独安装，一般和Windows一起安装

图 1-4　常见的操作系统

Linux 操作系统广泛地应用在企业服务中，注重稳定性和性能，受到广大开发者的喜爱与追捧。Linux 是一套免费使用和自由传播的类 UNIX 的操作系统，这个系统是由全世界各地的成千上万的程序员设计和实现的。用户不用支付任何费用就可以获得它和它的源代码，并且可以根据需求对系统进行必要的修改，对此系统无偿使用。

现在，计算机以智能手机、智能手表等移动设备的形式出现在人们的生活当中，其中 iOS 和 Android 是当前最为主流的面向移动设备的操作系统。iOS 是 Apple 公司于 2007 年发布的一款操作系统，属于类 UNIX 的商业操作系统，该操作系统目前没有开源。2008 年 9 月，Google 公司以 Apache 开源许可证的授权方式，发布了 Android 的源代码。Android 基于 Linux 内核，是专门为触屏移动设备设计的操作系统。

1.2　Linux 操作系统

1. UNIX 操作系统的发展历程

提到 Linux 的起源，不得不从 UNIX 开始说起。20 世纪 60 年代，那时计算机还没有普及，仅在军事或者学术研究上进行使用，一般人很难接触到，而且当时的计算机系统都是批处理的，就是把一批任务一次性提交给计算机，然后等待结果，并且中途不能和计算机交互。对于这种处理方式，准备作业需要花费很长时间，导致了计算机资源的浪费。当时的主机仅可以支持少量的终端机接入，进行输入、输出作业，为了强化主机的功能并且能让更多的用户同时使用，在 1965 年前后，贝尔实验室（Bell）、麻省理工学院（MIT）及通用电气公司（GE）联合起来准备研发一个分时多任务处理系统，简单地说就是实现多人同时使用计算机的梦想，并把计算机取名为多路信息计算系统（MULTiplexed Information and Computing System，MULTICS）。但是由于项目太复杂，加上其他原因导致了项目进展缓慢，贝尔实验室觉得这个项目可能不会成功，于 1969 年退出了该项目。

贝尔实验室退出 MULTICS 项目之后，曾参与 MULTICS 项目的贝尔实验室研究人员肯·汤普逊从 MULTICS 项目中获得灵感，用汇编语言编写了一个小型的操作系统，来运行原本在 MULTICS 上的一个叫作太空大战（Space Travel）的游戏。当完成之后，肯·汤普逊怀着激动的心情把身边同事叫过来，让他们玩太空大战游戏，大家玩过之后纷纷表示对他的游戏不感兴趣，但是对他的系统很感兴趣。由于这个系统是 MULTICS 的删减版，于是把它称为单路复用信息计算服务（UNiplexed Information and Computing Service，UNICS）。后来大家取其谐音，就称其为"UNIX"。这个时候已经是 1970 年了，于是就将 1970 年定为 UNIX 元年。1971 年，汤普逊和里奇共同发明了 C 语言，之后他们用 C 语言重写了 UNIX，并于 1974 年正式对外发布。

UNIX 是一种多任务、多用户的操作系统。UNIX 起初是免费的，其安全高效、可移植的特点使其在服务器领域得到了广泛的应用。很多大型硬件公司为配合自己的计算机系统，也纷纷开发出许多不同的 UNIX 版本，主要包括 System V、UNIX 4.x BSD（Berkeley Software Distribution）、FreeBSD、OpenBSD 等。

2. GNU 与开源

为了打破 UNIX 封闭生态的限制，理查德·斯托曼在 1983 年发起一项名为 GNU 的国际性的源代码开放计划，并创立了自由软件基金会（Free Software Foundation，FSF）。自由软件基金会规定了四个自由：第一，出于任何目的的运行程序的自由；第二，学习和修改源代码的自由；第三，重新分发程序的自由；第四，创建衍生程序的自由。由于 GNU 强调自由，大部分人对它的理解是"免费"，实际上这是不确切的。GNU 强调的自由是指自由的软件，可以自由获取并修改。虽然确实是可以免费获得源代码，但对于软件的咨询、售后服务、软件升级等增值服务是需要进行付费的，这就是自由软件的商业行为。GNU 的成立对推动 UNIX 操作系统及 Linux 操作系统发展起到了非常积极的作用。

自由软件基金会的目标是建立完全自由、开放源代码的操作系统。

到了 1985 年，为了避免 GNU 所开发的自由软件被其他人所利用而成为专利软件，斯托曼发布了通用公共许可证（General Public License，GPL）。GPL 采取两种措施来保护程序员的权利：一是给软件以版权保护；二是给程序员提供许可证。GPL 为程序员复制、发布和修改这些软件提供了法律许可。在复制和发布方面，GPL 规定只要在每一副本上明显和恰当地载明版权声明和不承担担保声明，保持此许可证的声明和没有担保的声明完整无损，并和程序一起给每个其他的程序接受者一份许可证的副本，使用者就可以通过任何媒体复制和发布所收到的原始的程序的源代码。使用者可以为转让副本的实际行动收取一定费用，也有权选择提供担保以换取一定的费用。但是，只要在一个软件中使用 GPL 协议的产品，则该软件产品必须也采用 GPL 协议，即必须也是开源和免费的。

目前，除了 GPL 协议，常见的开源协议还有木兰协议、LGPL 协议、BSD 协议等。

木兰协议是我国首个开源协议，这一开源协议共有五项内容，涉及授予版权许可、授予专利许可、无商标许可、分发限制和免责申明与责任限制。在版权许可方面，木兰协议允许每个"贡献者"根据本协议授予任一使用者永久性的、全球性的、免费的、非独占的、不可撤销的版权许可，任一使用者可以复制、使用、修改、分发其"贡献"，不论修改与否。

LGPL 协议是一个主要为类库使用而设计的开源协议。和 GPL 协议要求任何使用、修改、衍生自 GPL 类库的软件必须采用 GPL 协议不同，LGPL 协议允许商业软件通过类库引用方式使用 LGPL 类库而不需要开源商业软件的代码。这使得采用 LGPL 协议的开源代码可以被商业软件作为类库引用并发布和销售。但是，如果修改 LGPL 协议的代码或者衍生，则所有修改的代码、涉及修改部分的额外代码和衍生的代码都必须采用 LGPL 协议。

BSD 协议是一个给予使用者很大自由的协议。该协议约定可以自由地使用、修改源代码，也可以将修改后的代码作为开源或者专有软件再发布。当任一使用者发布使用了 BSD 协议的代码，或者以 BSD 协议代码为基础二次开发自己的产品时，需要满足以下三个条件。

①如果在发布的产品中包含源代码，则在源代码中必须带有原来代码中的 BSD 协议。

②如果再发布的只是二进制类库 / 软件，则需要在类库 / 软件的文档和版权声明中包含原来代码中的 BSD 协议。

③不可以使用开源代码的作者 / 机构名字和原来产品的名字做市场推广。BSD 协议鼓励代码共享，但需要尊重代码作者的著作权。BSD 协议由于允许使用者修改和重新发布代码，也允许使用或在 BSD 代码上开发商业软件并发布和销售，因此是对商业集成很友好的协议。

自由软件的产生和源代码的开放促进了 IT 技术的迅速发展。

3. Linux 操作系统的诞生

1991 年，芬兰赫尔辛基大学的学生林纳斯·托瓦兹在 MINIX 操作系统的基础上开发了一个新的操作系统内核，为其取名为 Linux 并将其开源，同时呼吁广大开发者一起完善 Linux 操作系统。之后，全球各地的程序员们与托瓦兹一起加入到了开发 Linux 的行列，为 Linux 添加了许多新特性。1994 年 3 月，在开发者的共同努力下，Linux 1.0 版本正式发布。

虽然 Linux 起初并不是 GNU 计划的一部分，但它的发展历史与 GNU 密不可分。由于共同坚持的开源精神，Linux 与 GNU 走到了一起。目前，绝大多数基于 Linux 内核的操作系统使用了部分 GNU 软件。因此，严格地说，这些系统应该被称为 GNU/Linux。

如今，Linux 已经有很多个衍生版本。Linux 发行版是指打包了 Linux 内核和一些系统软件及实用程序的套件。当前 Linux 发行版众多，这些发行版的主要不同之处在于所支持的硬件设备及软件包配置。较为主流的 Linux 发行版有 RedHat、openSUSE、

Ubuntu 等。

4. Linux 的版本

访问 Linux 官网可查看和下载 Linux 内核版本。Linux 内核版本号由 3 个数字组成：第一个数字表示目前发布的内核主版本号；第二个数字为次版本号，是偶数的话表示稳定版本，奇数表示开发中的版本；第三个数字为修订版本号。内核版本号后的数字表示错误修补的次数。如下文将介绍的 Kylin 操作系统，Kylin-Desktop-V10 的 Linux 内核版本为 5.10.0-3-generic。这是一个稳定的内核版本，主版本号为 5，次版本号为 10，修订版本号为 0，当前内核版本经过 3 次微调，此内核为通用版本。

Linux 的发行版本分为商业发行版和社区发行版。商业发行版以 RedHat 为代表，由商业公司维护，提供收费的服务，如升级补丁等。社区发行版由社区组织维护，一般免费，如 CentOS、Debian 等。

5. Linux 与 Kylin

Linux 内核是开源的，Kylin 操作系统采用的是一种层次式的内核结构，该结构介于单一模块内核结构（如 Linux）和微内核结构（如 CMU 大学的 Mach）之间。这种层次式结构从逻辑上来看，主要是由具有 Mach 风格的基本内核层、具有 BSD 风格的系统服务层和具有 Windows 界面风格的桌面环境组成，前两层在核态运行。

1.3　Kylin 桌面操作系统

Kylin 桌面版是麒麟软件有限公司发行的简单易用、稳定高效、安全可靠的新一代图形化桌面操作系统；同源优化支持六大自主 CPU 平台；提供经典和创新风格的用户体验，操作简便，快速上手；针对国产平台深入优化并大幅提升系统的稳定性和性能；应用商店提供精选的数百款常用软件，包括麒麟系列自研应用软件、工具软件和第三方商业软件，同时兼容 Android 原生应用，极大地丰富了 Linux 生态；提供多 CPU 平台统一的在线软件升级仓库，支持版本在线更新，适用于政府、国防、金融、教育、财税、公安、审计、交通、医疗、制造等领域。

Kylin 桌面操作系统是一款高安全、高可用、高性能的国产操作系统，提供了简单易用、界面友好、安全稳定的桌面操作体验，并具有良好的交互性及对软硬件的兼容性。

Kylin 桌面操作系统具有以下优点。

1. 同源构建

同源支持飞腾、鲲鹏、龙芯、申威、海光、兆芯等国产 CPU 和 Intel、AMD 平台。

2. 性能优化提升

针对 X.Org（X.Organization）实现基板管理控制器（Baseboard Management Controller，BMC）显卡和镭龙（Radeon）显卡同时显示，构建中间层实现国产显卡软件栈的互兼容，图形核心架构显卡重构 EXA 2D 加速框架，2D 显示提升 40% 以上；优化图形状态、OpenGL 指令提交方式及窗口管理器，使用 dri3 机制，解决图形显示器锁定等问题，3D 显示提升 100% 以上；支持并优化景嘉微等多款国产显卡。

3. 轻量桌面环境

统一界面风格，操作简便，上手快速，学习成本低，满足不同人群的视觉和交互需求；基于插件模式实现系统主题、桌面、任务栏、开始菜单等桌面组件的并行加载，优化桌面图形加载速度；基于组件的桌面环境管理方式，组件之间基于高可靠进程间通信，有效提高系统的稳定性。

4. 全新软件商店

精选办公、开发、图形、视频等各类常用软件数千款，集成麒麟影音、麒麟助手、麒麟刻录等自主研发应用，以及搜狗输入法、金山 WPS 等合作办公软件，支持移动应用和驱动下载，支持 Windows 软件替换导航，具备应用搜索、在线安装、在线更新、一键卸载、评分评论、云账号同步等功能，并定期推送精选和适配软件。

5. 全面应用兼容方案

构建高性能安卓运行环境，形成完整的国产平台安卓应用生态迁移解决方案，实现高效的图形中间层、统一设备接口中间层、多实例多窗口化运行机制、数据共享、音视频透传、一键安装、提升安卓 APP 体验和安全防护增强等功能，具有原生性、高兼容性、高融合性等特点，解决用户的多样化应用需求，将丰富、成熟的安卓生态迁移到国产平台下，目前可支持 2000 余款安卓应用（如微信、QQ、办公、股票、游戏等）。

6. 内生本质安全

提供核内外一体化防护的安全体系，实现自主研发麒麟安全管理工具（KylinSecure，KySec）、沙箱（BOX）等安全机制和开源强访控制兼容管控。可自动识别并阻止非法导入的软件；可实现私有数据不被超级用户获取；支持指纹、指静脉、人脸、虹膜等多种生物特征的认证方式等。

1.4　系统安装基础

1. BIOS 概述

BIOS 是一种标准的固件接口，它本身是一组固化在计算机主板上的程序集合，包括基本输入 / 输出程序、开机后自检程序及系统自启动程序等。

因为 BIOS 是计算机通电后第一个运行的程序，所以 BIOS 为计算机提供最底层的、最直接的硬件设置和控制。它主要具有以下 3 个功能：第一是通电自检，即检查计算机硬件，包括 CPU、内存、磁盘、串口、并口等是否损坏，如果损坏则发出警报；第二是初始化，主要是创建中断向量、设置寄存器、设定硬件参数等，还负责引导，执行引导程序；第三是程序服务处理和硬件中断处理，主要是将一部分与硬件处理相关的接口提供给操作系统，并处理操作系统指令和硬件中断任务。

2. UEFI 和 Legacy

因为硬件发展迅速，传统 BIOS 已成为进步的"包袱"，现在已发展出最新的统一可扩展固件接口（Unified Extensible Firmware Interface，UEFI）。UEFI 是传统 BIOS 的替代产物，相比 BIOS，UEFI 在安全性、大容量磁盘支持、启动项管理、人机操作支持等方面具有明显的优势。

自 UEFI 推出以后，为了与之区分，传统的 BIOS 被称为 Legacy。

3. 分区和分区表

磁盘作为计算机主要的外部存储设备，通常具备比较大的存储空间（如 256GB、512GB、1TB 等）。为了有效利用、方便管理如此大的存储空间，一般采用磁盘分区的方式将磁盘拆分成一个或多个逻辑存储单元，一个逻辑存储单元即一个分区。根据分区方式的不同，在对磁盘进行分区时需要在磁盘上记录不同的索引数据，用以维护磁盘上的分区信息（包括位置、大小等）。这个索引数据就是分区表，常见的分区表有主引导记录（Master Boot Record，MBR）分区表和全局唯一标识分区表（GUID Partition Table，GPT）。

1.5 硬件要求

安装 Kylin 操作系统之前需要确保计算机满足硬件要求，如果低于该配置要求，用户将无法很好地体验该操作系统。硬件要求见表 1-1。

表 1-1 硬件要求

硬件名称	要求
主内存	4GB 或更大的物理内存
磁盘	64GB 或更大可用磁盘空间
显卡	推荐 1024×768 或更高的屏幕分辨率
声卡	支持大部分现代声卡

任务 1-1　安装 Kylin 操作系统

Kylin 操作系统
虚拟机安装方式

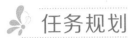 **任务规划**

在 Kylin 操作系统安装之前，需要准备好安装设备和启动盘。启动盘又称安装启动器，它是写入了操作系统的镜像文件且具有特殊功能的移动存储设备（如 U 盘、光盘、移动磁盘），主要用来在操作系统"崩溃"时进行修复和重装。U 盘启动器可以通过 Kylin 启动盘制作工具制作。因此，在 Jan16 公司办公 PC 上安装 Kylin 操作系统的任务可通过以下步骤实现。

（1）制作 U 盘启动器。

（2）安装 Kylin 操作系统。

任务实施

1. 制作 U 盘启动器

首先，在麒麟官方网站下载镜像文件。

1）下载镜像文件

①在浏览器地址栏输入 https://www.kylinos.cn/，进入麒麟软件官网首页，如图 1-5 所示。

图 1-5　麒麟软件官网首页

②单击【桌面操作系统】，选择桌面操作系统版本【No1】，之后单击【申请试用】按钮，如图 1-6 所示，在图 1-7 所示页面填写产品试用申请的相关信息。

图 1-6　桌面操作系统下载页面

图 1-7　产品试用申请页面

③进入服务支持页面，选择适合 Jan16 公司办公计算机 CPU 的版本进行下载，一般选择【intel 版】或者【AMD64 版】，如图 1-8 所示。

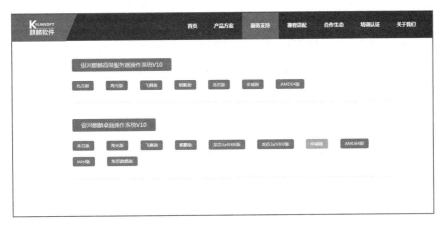

图 1-8　服务支持页面

④打开【设置下载存储路径】对话框，设置下载存储路径，进行下载，如图 1-9 所示。

图 1-9　设置下载存储路径

2）制作 U 盘启动器

①在 Kylin 桌面操作系统中搜索并单击【U 盘启动器】，打开【U 盘启动器】对话框，单击【选择光盘镜像文件】下的【浏览】按钮，选择存放 Kylin 镜像文件的路径，接着在【选择 U 盘】列表框中选择制作 U 盘启动器所用的 U 盘，如图 1-10 所示。

图 1-10　【U 盘启动器】对话框

②单击【开始制作】按钮，系统弹出【授权】对话框，输入密码即可，如图 1-11 所示。授权完成，等待制作完成即可，如图 1-12 所示。

图 1-11 【授权】对话框 图 1-12 U 盘启动器制作界面

③U 盘启动器制作完成后，关闭【U 盘启动器】对话框，打开 U 盘可以看到 U 盘已被格式化，且被制作成 U 盘形式的安装介质，U 盘文件界面如图 1-13 所示。

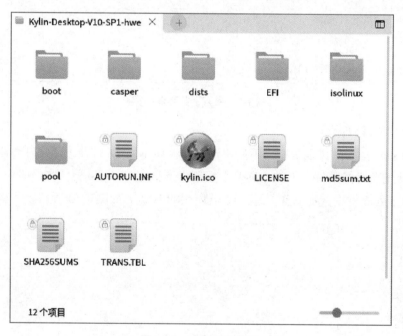

图 1-13 U 盘文件界面

2. 安装 Kylin 操作系统

1）安装引导

在银河麒麟安装界面默认选中【试用银河麒麟操作系统而不安装】选项，表示进入银河麒麟桌面操作系统的试用版本，可观察界面布局及菜

Kylin 操作系统
安装引导

单，同时包含了所有的安装方式。体验界面中除【安装 Kylin】图标外，其布局与正式界面相同，用户可通过此界面试用并体验 Kylin 操作系统。第二个选项为【安装银河麒麟操作系统】，此选项表示系统会进入 Kylin 操作系统完整的安装流程。第三个选项为【检测盘片是否有错误】，此选项表示对当前 ISO 文件的文件系统进行检测，检测成功后会提示【检查完成，未发现错误】【按任意键重新启动系统】。第四个选项为【测试内存】，此选项表示对主机内存进行详细检测，可捕获内存错误和一直处于很高或者很低的坏位。执行测试之后若出现【Pass complete，no errors，press Esc to exit】提示，则代表内存不存在问题，随后按 "Esc" 键可以返回安装界面。第五个选项为【从第一磁盘引导】，此选项表示退出安装，从第一磁盘引导进入系统。选择第二个选项，如图 1-14 所示，进行 Kylin 操作系统的安装。

图 1-14　银河麒麟操作系统安装界面

2）选择语言

倒计时 5 秒结束后，进入安装界面，选择要安装的语言，默认选择【中文（简体）】，单击【下一步】按钮，如图 1-15 所示。

如果在选择语言界面单击右下角的退出按钮，则进入终止安装界面，在弹出的确认对话框中单击【确认】按钮，则退出安装程序，重启计算机；如果单击左上角箭头则返回上一个界面。

> **说明：** 在安装 Kylin 操作系统之前，如果用户需要退出进程，界面右下角会显示【退出安装】按钮，用户通过该按钮可随时终止系统安装而不会对当前磁盘和系统产生任何影响。

图 1-15　选择语言界面

3）阅读许可协议

在阅读许可协议界面勾选【我已经阅读并同意协议条款】复选框，并单击【下一步】按钮，如图 1-16 所示。

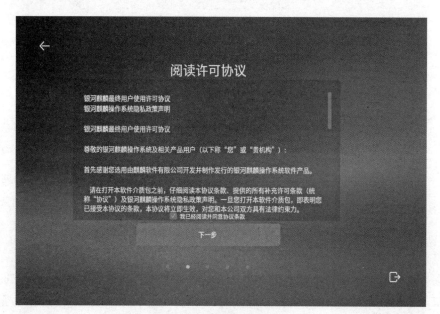

图 1-16　阅读许可协议界面

4）选择时区

系统进入选择时区界面，默认选择时区为【（UTC+08:00）上海】，单击【下一步】按钮，如图 1-17 所示。

图 1-17　选择时区界面

5）创建用户

系统进入创建用户界面，创建名称为【jan16】的用户，用户名输入完成后，会自动补全主机名，设置密码为【1qaz@WSX】，取消勾选【开机自动登录】复选框，单击【下一步】按钮，如图 1-18 所示。

图 1-18　创建用户界面

6）选择安装方式

创建用户后系统进入选择安装方式界面，有"全盘安装"和"自定义安装"两种安装方式。通过全盘安装方式或自定义安装方式对一块或者多块磁盘进行分区和系统安装，在磁盘分区界面会显示当前磁盘的分区情况和已使用空间 / 可用空间情况。

注意：请在选择安装位置前备份好重要数据，避免数据丢失。

（1）全盘安装

①当系统检测到当前设备只有一块磁盘时，磁盘图标会在界面居中显示。当系统检测到当前设备有多块磁盘时，磁盘分区界面会以列表模式分别显示为系统盘和数据盘。如果选择系统盘进行安装，则分区方案和单磁盘分区方案一致；如果选择数据盘进行安装，那么数据盘会变成系统盘，数据盘数据也会被格式化，原来的系统盘同时会变成数据盘。选中磁盘后系统将使用默认的分区方案对磁盘进行分区，如图1-19所示。

图1-19　全盘安装界面

说明：当使用多磁盘进行全盘安装时，选中系统盘后，界面会显示除系统盘之外的所有盘。

②单击【下一步】按钮，确认全盘安装，勾选【格式化整个磁盘】复选框，单击【开始安装】按钮，进行系统安装，如图1-20所示。

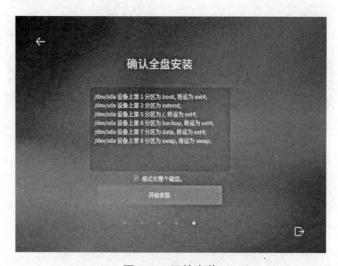

图1-20　开始安装

（2）自定义安装

①在选择安装方式界面选择【自定义安装】，当程序检测到当前设备只有一块磁盘时，安装列表相应只显示一块磁盘；当程序检测到多块磁盘时，列表会显示多块磁盘。选中将要安装系统的磁盘并单击右侧的【+添加】按钮，如图 1-21 所示。

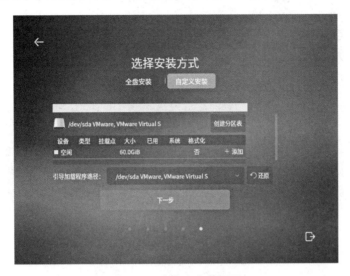

图 1-21   自定义安装界面

②在新建分区界面自定义设置新分区的类型、位置、文件系统、挂载点及大小。在【用于】下拉列表中可以选择ext4、ext3、efi等；在【挂载点】下拉列表中可以选择不同的挂载点，如 /、/boot、/backup 和 /temp 等。完成设置后，单击【确定】按钮，即可新建分区，如图 1-22 所示。

图 1-22   新建分区界面

③在选择安装方式界面可以看到根据需求所分配的分区，如图 1-23 所示。选中新建的分区，单击新建分区末尾的【- 删除】按钮，即可直接删除选中的分区，删除后的分区会变成空白分区，可以进行其他分区操作。

图 1-23　分区情况

注意:

● 当 UEFI 引导磁盘格式为 GPT 时，分区类型全部为主分区。

● 当 Legacy 引导磁盘格式为 MS-DOS 时，磁盘上最多只能划分 4 个主分区，主分区用完后可以使用逻辑分区。

● 对新建的分区，删除分区只是对虚拟分区的操作，不会影响物理磁盘分区和操作系统。

④在确认自定义安装界面，确认创建分区的信息，勾选【确认以上操作】复选框，单击【开始安装】按钮，如图 1-24 所示。

图 1-24　确认自定义安装界面

7）返回机制

在新建分区等操作过程中，界面左上角会出现返回按钮，单击该按钮即可返回到选择安装方式界面。

说明： 在银河麒麟操作系统安装界面和正在安装界面，返回按钮和关闭按钮会自动隐藏。

8）安装完成

① 在正在安装界面，系统将自动安装 Kylin 操作系统直至完成。在安装过程中，系统会显示当前安装的进度，介绍系统的功能和特色，如图 1-25 所示。

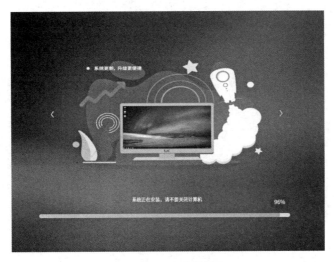

图 1-25　正在安装界面

②安装完成后，其界面如图 1-26 所示，单击【现在重启】按钮，系统会提示进行重启，重启完成后进入 Kylin 操作系统。

图 1-26　安装完成界面

任务验证

系统管理员启动 Jan16 公司信息中心的 PC1，Kylin 操作系统能正常启动，进入 Kylin 操作系统桌面，说明系统安装成功，如图 1-27 所示。

图 1-27　Kylin 操作系统桌面

任务 1-2　Kylin 操作系统初始化配置

登录 Kylin
操作系统

任务规划

Jan16 公司办公电脑 Kylin 操作系统安装完毕后，为了更便捷地使用 Kylin 操作系统开展日常工作，需要对操作系统进行初始化配置，如设置分辨率、测试登录等。

任务实施

1. 登录系统

启动计算机后进入银河麒麟操作系统界面，根据设置系统会默认选择自动登录或停留在用户登录界面等待登录。当启动系统后，系统会提示输入用户名和密码，即系统中已创建的用户名和密码，通常用户名和密码在系统安装时进行设置，选择登录用户后，输入正确的密码即可登录，如图 1-28 所示。

图 1-28　Kylin 操作系统的用户登录界面

2. 电源操作

在 Kylin 操作系统桌面，单击任务栏左侧的开始菜单，弹出开始菜单，单击电源按钮，如图 1-29 所示，会弹出电源操作相关的列表，包括切换用户、休眠、睡眠、锁屏、注销、重启、关机，如图 1-30 所示。

图 1-29　单击任务栏右侧的电源按钮

图 1-30　任务栏界面

3. 锁屏

当用户暂时不需要使用计算机时，可以选择锁屏（不会影响系统当前的运行状态），防止误操作。当用户返回后，输入密码即可重新进入系统。在默认设置下，系统在一段空闲时间后，将自动锁定屏幕。

操作：【开始菜单】→【电源】→【锁屏】。

4. 注销

注销（对应界面见图 1-31）会退出当前使用的用户，并且返回至用户登录界面。注销计算机后可以使用其他用户账户进行登录，当要选择其他用户登录并使用计算机时，可在用户登录界面单击下方的【关机】按钮，在随后出现的界面中选择【切换用户】选项。

图 1-31　注销

5. 分辨率配置

当用户需要配置屏幕分辨率时，可通过单击开始菜单中的【设置】选项，在设置界面的【系统】→【显示器】选项中进行设置。通过设置显示器的分辨率、屏幕方向及缩放倍数，使计算机的显示效果达到最佳，如图 1-32 所示。

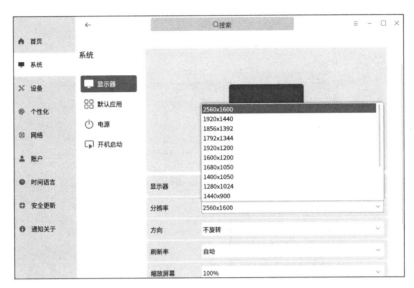

图 1-32 分辨率配置

任务验证

1. 登录系统

重新启动后，查看时间、键盘、时区、账户信息是否正常，如图 1-33 所示。

图 1-33 系统界面

2.访问浏览器

打开 Kylin 操作系统自带的奇安信可信浏览器，在搜索框中输入"麒麟软件"关键字，出现对应网站，网络配置无误，如图 1-34 所示。

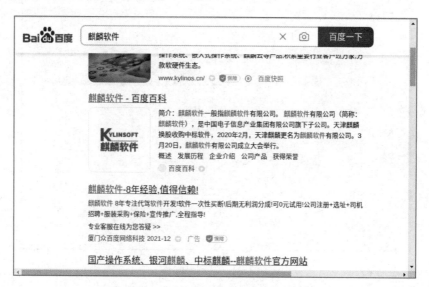

图 1-34　访问浏览器

一、理论习题

1.填空题

（1）Kylin 操作系统包括 ＿＿＿＿＿＿ 和 ＿＿＿＿＿＿ 两个版本。

（2）Kylin 操作系统是基于 ＿＿＿＿＿ 内核的。

（3）安装 Kylin 操作系统的硬件要求中，主内存至少需要 ＿＿GB。

2.选择题

（1）下列操作系统使用的内核相同的是（　　　）。

A. Windows、CentOS　　　　　　　　B. RedHat、Kylin

C. iOS、Windows　　　　　　　　　　D. Android、iOS

（2）Kylin 操作系统的安装顺序是（　　　）。

A. 安装引导→选择安装位置→选择时区→安装成功

B. 安装引导→选择时区→选择安装位置→安装成功

C. 安装引导→选择语言→选择安装位置→安装成功

D. 选择语言→选择安装位置→安装引导→安装成功

3.简答题

（1）常见的挂载点 /、/boot、/home、/tmp、/usr、/etc、/var 分别用于存放哪些文件？

（2）文件系统 ext4 与 ext3 相比有哪些优势？

（3）用户可以通过哪些方式安装 Kylin 操作系统？

（4）Kylin 操作系统的核心功能有哪些？

二、项目实训题

1.项目背景

Jan16 公司信息中心原本由信息中心主任黄工、系统管理组的系统管理员赵工和宋工 3 位工程师组成。近期由于公司业务发展迅速，新购进了一批服务器，需要一名系统管理员来专门管理这些服务器，故招进一名新工程师陈工。此时，Jan16 公司信息中心组织架构图如图 1-35 所示。

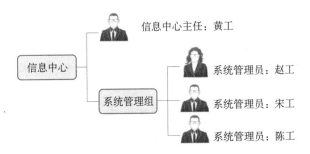

图 1-35　Jan16 公司信息中心组织架构图

Jan16 公司信息中心办公网络拓扑如图 1-36 所示，PC1、PC2、PC3 和 PC4 均采用国产鲲鹏主机，均已安装 Kylin 操作系统。

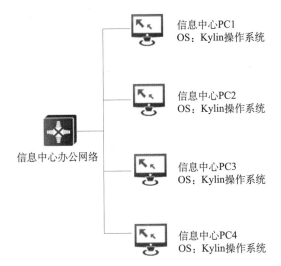

图 1-36　Jan16 公司信息中心办公网络拓扑

为了保证信息中心员工所使用的计算机操作系统一致，便于协同办公，故在陈工的计算机 PC4 上安装 Kylin 操作系统，并进行初始化配置和系统激活。项目规划表见表 1-2。

表 1-2　项目规划表

项目任务	完成任务所需步骤
安装 Kylin 桌面版	制作 U 盘启动器
	安装 Kylin 操作系统
初始化设置	初始化配置
	登录与激活

2. 项目要求

（1）根据项目规划表，完成项目第一个任务并截取以下系统截图。

①截取 U 盘启动器制作成功界面。

②设置 Kylin 操作系统的语言为简体中文，磁盘分区安装方式为手动安装，新建一个分区，分区类型为主分区，位置为起点，文件系统使用 ext4，挂载点为 /，大小为 30GB，截取安装过程中的选择语言界面、新建分区界面、选择安装位置界面及安装成功界面的截图。

（2）根据项目规划表，完成项目第二个任务并截取以下系统截图。

设置键盘布局为汉语，时区为"亚洲 - 北京"，创建一个账户，用户名为陈工，计算机名为 PC4，密码设置为 Chen@Jan16，截取键盘布局界面、选择时区界面及创建用户界面的截图。

项目 2　Jan16 公司办公电脑桌面设置

 项目目标

知识目标：

（1）了解 Kylin 操作系统的桌面布局、任务栏结构；

（2）了解文件资源管理和设置的方法。

能力目标：

（1）能进行桌面个性化设置；

（2）能合理设置任务栏；

（3）能正确进行文件资源的管理和设置。

素质目标：

（1）理解推广和应用自主可控的国产操作系统的重要意义，树立职业荣誉感和爱国意识；

（2）通过 Kylin 与 Windows 操作系统功能对比，激发创新和创造意识；

（3）树立严谨操作、精益求精的工匠精神。

项目描述

Jan16 公司信息中心由信息中心主任黄工、系统管理组的系统管理员赵工和宋工 3 位工程师组成，组织架构图如图 2-1 所示。

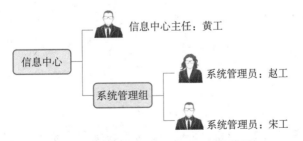

图 2-1　Jan16 公司信息中心组织架构图

Jan16 公司信息中心办公网络拓扑如图 2-2 所示，PC1、PC2、PC3 均采用国产鲲鹏主机，且已经安装 Kylin 操作系统。

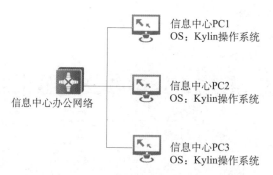

图 2-2　Jan16 公司信息中心办公网络拓扑

　　若完成本项目，需要系统管理员熟悉 Kylin 操作系统的桌面布局，能进行桌面个性化设置，能进行文件资源管理。本项目涉及以下工作任务。

　　（1）Kylin 操作系统桌面的个性化设置；

　　（2）设置 Kylin 操作系统的任务栏；

　　（3）文件资源管理和设置。

2.1　桌面环境

　　用户成功登录后，即可体验 Kylin 操作系统桌面环境。桌面环境主要由桌面、任务栏、计算机、回收站及浏览器等组成，桌面是使用操作系统的基础，如图 2-3 所示。

图 2-3　Kylin 操作系统桌面

桌面是指登录后可以看到的主屏幕区域。在桌面上可以通过鼠标和键盘等外设对操作系统进行基本的操作，如新建文件 / 文件夹、排列文件、打开终端、设置壁纸和屏保等，其快捷菜单如图 2-4 所示；还可以通过添加到桌面快捷方式向桌面添加应用的快捷方式，如图 2-5 所示。

图 2-4　桌面设置快捷菜单

图 2-5　添加应用的快捷方式

2.2　文件和目录管理

Kylin 操作系统中的文件管理器是一款功能强大、简单易用的文件管理工具。它沿用了一般文件管理器的经典功能和布局，并在此基础上简化了用户操作，增加了很多特色功能。Kylin 操作系统中的文件管理器拥有一目了然的导航栏、智能识别的搜索栏、多样化的视图和排序，这些特点让文件管理不再复杂。

任务 2-1　Kylin 操作系统桌面的个性化设置

任务规划

Kylin 操作系统预装了文件管理器、应用商店等一系列应用，设置好 Kylin 操作系统的桌面后，用户既能体验丰富多彩的娱乐生活，也可以满足日常办公需要。Jan16 公司信息中心办公 PC 上 Kylin 操作系统桌面需要进行以下设置。

（1）设置桌面背景、主题和屏保。

（2）桌面图标的调整（排列方法、图标大小）。

1. 设置桌面背景和屏保

1）更改桌面背景

选择一些精美、时尚的背景美化桌面，可以让计算机的显示与众不同。更改桌面背景的具体操作步骤如下。

①在桌面上单击鼠标右键，在弹出的快捷菜单中选择【设置背景】选项，在系统弹出的个性化设置界面单击【背景】选项，即可预览所有壁纸，壁纸可以从本地选择，也可以从网络选择。在个性化设置界面，主要的设置对象有背景、主题、锁屏、屏保及字体，如图 2-6 所示。

图 2-6　个性化设置界面

②选择某一壁纸后，壁纸就会在桌面生效。

2）设置屏保

屏幕保护（简称"屏保"）程序原本是为了保护显示器的显像管，现在一般用于个人计算机的隐私保护。

设置屏保的操作步骤如下。

①在个性化设置界面单击【屏保】选项。

②在屏保设置界面，可进行【此时间段后开启屏保】【屏幕保护程序】【显示休息时间】设置，如图 2-7 所示。

图 2-7　设置屏保

③待计算机闲置达到指定时间后，系统将启动选择的屏保程序。

2. 设置系统主题

通过个性化设置界面的【主题】选项可以进行一些通用的个性化设置，包括窗口主题、图标和光标等。操作步骤如下。

①在个性化设置界面，单击【主题】选项，设置窗口主题、图标及光标，如图 2-8 所示。

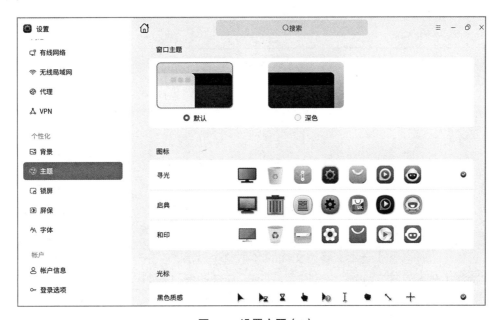

图 2-8　设置主题（1）

②单击选择一种窗口主题，如【默认】或者【深色】，该窗口主题即可应用于系统窗口主题。

③图标是指桌面中的图标形状，有【寻光】、【启典】和【和印】三种主题，单击其中的一种主题，即可查看该图标主题在系统中的显示效果。

④光标是指鼠标光标在不同情况下的不同形状，有【黑色质感】、【蓝水晶】、【DMZ-黑】及【DMZ-白】四种，如图2-9所示。单击其中的一种光标，即可查看该光标在系统中的显示效果。

⑤打开【特效模式】开关，可以使桌面和界面更美观、精致。

⑥特效模式开启后才能拖动【透明度】右侧的滑块，可以实时查看透明效果。通过调节透明度来设置任务栏的透明度，滑块越靠左越透明，越靠右越不透明。

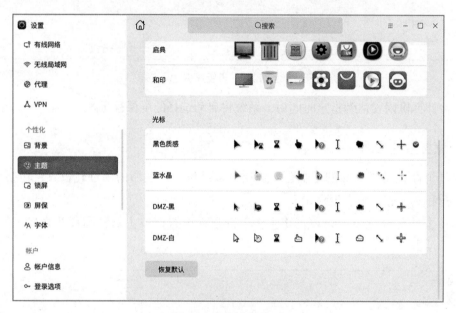

图 2-9　设置主题（2）

3. 桌面图标的调整

1）排列方式

创建好文件夹或文档后，可以对桌面上的图标进行排序。设置图标排序方式的操作步骤如下。

在桌面上单击鼠标右键，在弹出的快捷菜单中选择【排序方式】子菜单，如图2-10所示，其选项介绍如下。

• 选择【文件名称】选项，将按文件的名称顺序显示；

• 选择【修改日期】选项，文件将按最近一次的修改日期顺序显示；

• 选择【文件类型】选项，将按文件的类型顺序显示；

• 选择【文件大小】选项，将按文件的大小顺序显示。

图 2-10　设置排列方式

2）图标大小调整

桌面图标的大小可以根据需求进行调整，操作步骤如下。

在桌面上单击鼠标右键，在弹出的快捷菜单中选择【视图类型】子菜单，系统默认提供 4 种图标大小的设置，分别为小图标、中图标（默认）、大图标和超大图标，如图 2-11 所示。

图 2-11　【视图类型】子菜单

> **提示**：使用快捷键【Ctrl】+【+】/【-】或按住【Ctrl】+鼠标滚轮可以调整桌面和启动器中的图标的大小。

 任务验证

以黄工账号登录 Kylin 操作系统，查看桌面布局、壁纸、屏保及个性化设置是否合理。

任务 2-2　设置 Kylin 操作系统的任务栏

Kylin 操作系统
任务栏配置

 任务规划

桌面个性化设置之后，需要熟悉任务栏，进行任务栏的设置。

任务栏主要由开始菜单、应用程序图标、托盘区、系统插件等部分组成。利用如图 2-12 所示的任务栏可进行打开开始菜单、显示桌面、进入工作区及相关应用程序的打开、新建、关闭、强制退出等操作，还可以设置输入法，调节音量，连接 Wi-Fi，查看日历、天气，进入关机界面等。

图 2-12　任务栏

Jan16 公司信息中心办公电脑桌面个性化设置完成后，用户可设置任务栏在桌面上的位置、显示或隐藏任务栏、显示或隐藏回收站，以及设置电源等系统插件。本任务具体包括以下内容。

（1）调整任务栏摆放位置；

（2）任务栏状态设置；

（3）设置日期和时间；

（4）打开系统监视器。

 任务实施

1. 调整任务栏摆放位置

任务栏可以放置在桌面的不同位置。设置任务栏位置的操作步骤如下。

在任务栏处单击鼠标右键，在快捷菜单的【调整位置】子菜单中选择【上】【下】【左】【右】选项之一，如图 2-13 所示。

图 2-13　设置任务栏位置

2. 任务栏状态设置

1）切换模式

单击在任务栏上最右侧的夜间模式按钮可以快捷开启夜间模式。当夜间模式开启时，窗口主题自动切换为深色。将鼠标移动至夜间模式按钮前，如果显示"夜间模式开启"则为夜间模式，如图 2-14 所示，默认情况下显示"夜间模式关闭"，如图 2-15 所示。

图 2-14 夜间模式开启

图 2-15 夜间模式关闭

2）显示、隐藏或者锁定任务栏

任务栏可以隐藏，以便最大限度地扩展桌面的可操作性区域。显示、隐藏及锁定任务栏的操作步骤如下。

在任务栏处单击鼠标右键，单击快捷菜单的【隐藏任务栏】选项，任务栏将会隐藏起来，只有在鼠标指针移至任务栏区域时才会显示，如图 2-16 所示。

图 2-16 隐藏任务栏

选择【锁定任务栏】选项，任务栏将会被锁定，同时【调整大小】【调整位置】【隐藏任务栏】三个选项会变得不可选择，如图 2-17 所示。

图 2-17　锁定任务栏

3. 设置日期和时间

①在任务栏上可直观查看当前日期、星期及时钟。单击时间图标，可打开日历界面，如图 2-18 所示。

图 2-18　日历界面

②鼠标右键单击任务栏上的时间图标，系统弹出任务栏时间菜单，包括【时间日期设置】选项，如图 2-19 所示。

图 2-19　任务栏时间快捷菜单

③单击【时间日期设置】选项，打开时间和日期界面。单击【时间和日期】选项，设置时间选项为【自动同步时间】，系统时间就会自动同步网络时间，如图 2-20 所示。

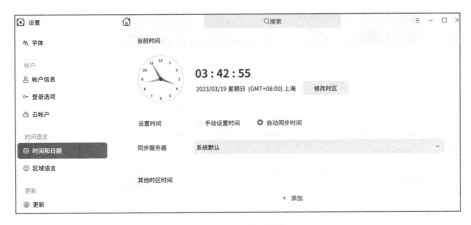

图 2-20　时间设置

④单击【区域语言】选项，可进行语言格式及系统语言设置，如图 2-21 所示。

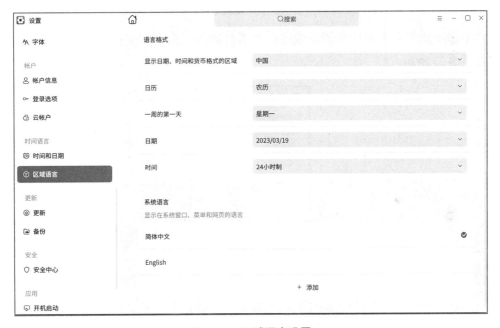

图 2-21　区域语言设置

4. 打开系统监视器

系统监视器是一个对硬件负载、程序运行和系统服务进行监测查看和管理操作的系统工具，可对系统运行状态进行统一管理。具体操作步骤如下。

①在任务栏中，单击鼠标右键，选中【系统监视器】选项，系统弹出【系统监视器】对话框，可以看到有【应用程序】【我的进程】及【全部进程】三个选项卡。在【全部进程】选项卡中，可以实时监测正在系统后台运行的每个进程，包含进程名称、用户名、磁盘、处理器、进程号、网络、内存及优先级的相关信息，如图 2-22 所示。

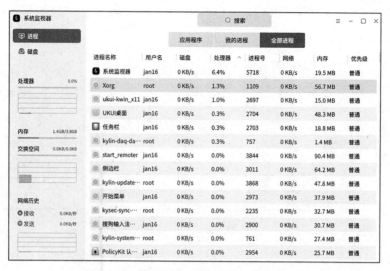

图 2-22 【系统监视器】对话框【全部进程】选项卡

②【系统监视器】对话框的左侧可以查看处理器、内存、交换空间及网络历史的信息，如图 2-23 所示。

图 2-23 【系统监视器】对话框的资源窗格

③单击【磁盘】选项，可以查看各系统设备分区的磁盘容量分配情况，其中包含设备、路径、类型、总容量、空闲、可用和已用的相关信息，如图 2-24 所示。

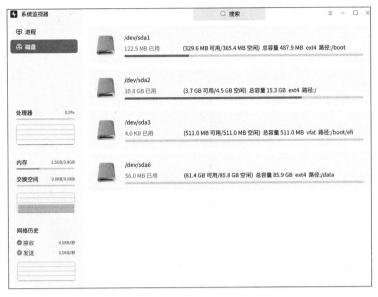

图 2-24　【系统监视器】对话框【磁盘】选项

任务验证

以黄工账号登录 Kylin 操作系统，查看任务栏设置是否合理，并检查任务栏模式、位置及时间等设置是否正确。

任务 2–3　文件资源管理和设置

文件资源
管理和设置

任务规划

Jan16 公司信息中心的员工由于工作原因，在办公 PC 上存储了许多工作文件，但当需要查找某个文件时就会很麻烦。Kylin 操作系统中的文件管理器就可以很好地解决这种难题，帮助用户更好、更方便地管理文件。Kylin 操作系统中的文件管理器是一款功能强大、简单易用的文件管理工具。它沿用了一般文件管理器的经典功能和布局，并在此基础上简化了用户操作，增加了许多特色功能。本任务可细分为如下具体任务。

（1）浏览和搜索文件；

（2）文件与文件夹的基本操作；

（3）文件的压缩与解压缩。

任务实施

1.浏览和搜索文件

1）浏览文件

①单击桌面左下角的![图标]图标，打开文件管理器，或者在开始菜单中，通过上下滚动鼠标滚轮或搜索的方式找到文件管理器选项![图标]，单击打开文件管理器；还可通过桌面的【计算机】![图标]图标，打开文件管理器，如图 2-25 所示。

图 2-25　文件管理器界面

②单击左侧【快速访问】选项下的文件目录，可以打开对应的文件夹并查看文件。

③右键单击文件管理器界面空白处，在弹出的快捷菜单中有【视图类型】【排列类型】【排列顺序】【排列偏好】等选项。单击【视图类型】选项，在展开的界面中根据用户需要可对图标视图和列表视图进行切换，以便用户更方便地浏览文件。

图标视图：平铺显示文件 / 文件夹的名称、图标或缩略图，如图 2-26 所示。

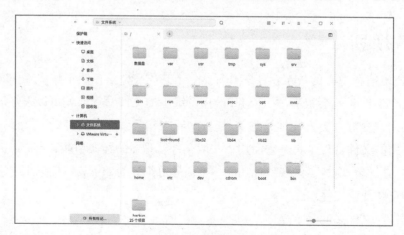

图 2-26　图标视图

列表视图：列表显示文件/文件夹的名称、修改日期、文件类型和文件大小等信息，如图 2-27 所示。

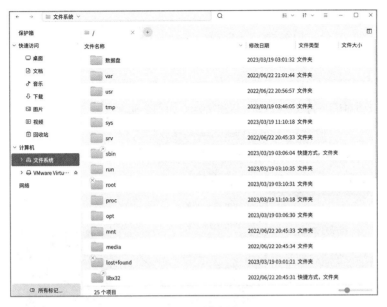

图 2-27　列表视图

> **说明：** ①在列表视图中，把光标置于两列之间的分隔线上，拖动它可以改变列的宽度；双击分隔线可将当前列自动调整为本列内容最宽的宽度。
> ②使用【Ctrl】+【1】和【Ctrl】+【2】快捷键，切换图标视图和列表视图。

2）搜索文件

①在文件管理器界面单击搜索按钮，或使用【Ctrl】+【F】快捷键进入搜索状态，在搜索文本框中输入关键词后按【Enter】键，搜索相关文件。

②当需要在指定目录搜索时，需要先进入该目录，然后再进行搜索。

③如果想快速搜索，可以使用高级搜索功能。在搜索状态下，单击搜索文本框下侧进入高级搜索界面，单击【+】或【-】按钮添加或删除搜索选项，选项包括类型、文件大小、修改时间、名称，可进行更精准地搜索，更快速地找到目标文件。高级搜索界面如图 2-28 所示。

图 2-28　高级搜索界面

2. 文件与文件夹的基本操作

在文件管理器中可以进行新建、删除、复制及移动文件 / 文件夹等操作。

1）新建文件 / 文件夹

①在文件管理器中可以新建 5 种类型的文档，包括 WPS 文字文档、WPS 演示文稿、WPS 表格工作表、空文本及文件夹，如图 2-29 所示。

②在文件管理器界面单击鼠标右键，在弹出的快捷菜单中选择【新建】选项，接着选择相应选项（每个选项对应一种文档类型）新建文档，如图 2-30 所示，然后设置新建文档的名称。

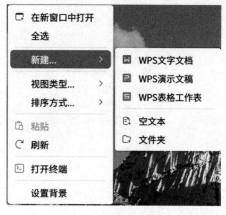

图 2-29　新建文档的类型　　　　图 2-30　新建文档

③在文件管理器界面单击鼠标右键，在弹出的快捷菜单中选择【新建】→【文件夹】选项，输入新建文件夹的名称，即可新建一个文件夹。

2）删除文件 / 文件夹

在文件管理器界面右键单击文件，弹出快捷菜单，如图 2-31 所示，选择【删除到回收站】选项，即可成功删除文件。删除文件夹的操作步骤与删除文件一样。

图 2-31　文件快捷菜单

> **说明：**①被删除的文件可以在【回收站】中找到，右键单击回收站里的文件，选择相应选项可以进行还原或删除操作，被删除文件的快捷方式将会失效。
>
> ②在外接设备上删除文件会将文件彻底删除，无法在回收站中找回。

3）复制文件／文件夹

①在文件管理器界面，选中需要复制的文件，单击鼠标右键，选择【复制】选项，如图2-32所示，或者选中文件后使用快捷键【Ctrl】+【C】进行复制。

②选择一个目标存储位置，单击鼠标右键，然后选择【粘贴】选项，如图2-33所示，或者使用快捷键【Ctrl】+【V】进行粘贴。

图2-32　复制文件

图2-33　粘贴文件

③复制文件夹的操作步骤和复制文件一样。

4）移动文件／文件夹

文件可以从原来所在的文件夹移动到另一个文件夹，移动文件的方式有两种，移动文件夹的操作步骤和移动文件一样。

①通过剪切和粘贴来移动文件。

● 在文件管理器界面选中文件，单击鼠标右键并选择【剪切】选项，或者使用快捷键【Ctrl】+【X】进行剪切。

● 选择一个目标存储位置，单击鼠标右键并选择【粘贴】选项，或者使用快捷键【Ctrl】+【V】进行粘贴。

②通过拖曳移动文件。

● 同时打开文件原来所在文件夹和移动的目标文件夹。

● 单击选中需要移动的文件，直接拖曳到目标文件夹中。

3. 文件的压缩与解压缩

对文件的压缩可以有效地缩小文件在磁盘中占用的空间，传输速度也会更快。需要打开文件时，使用解压缩工具解压文件即可。

1）使用文件管理器压缩文件

①选择需要压缩的文件或文件夹，单击鼠标右键，在弹出的快捷菜单中选择【压缩】选项，如图 2-34 所示。

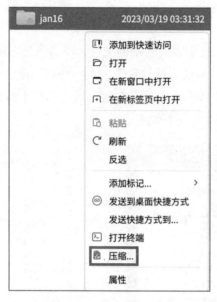

图 2-34　压缩文件 / 文件夹

②系统弹出【压缩】对话框，可设置压缩文件的文件名、压缩类型、存储位置、是否加密等，如图 2-35 所示。

③设置完成后，单击【创建】按钮，压缩成功后会在定义的目标位置生成对应类型的压缩包，如图 2-36 所示。

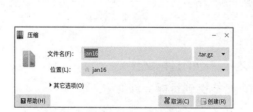

图 2-35　压缩设置

图 2-36　压缩包

2）使用文件管理器解压缩文件

①选择需要解压缩的文件，单击鼠标右键，在弹出的快捷菜单中选择【解压缩到此

处】选项或【解压缩到】选项，如图 2-37 所示。

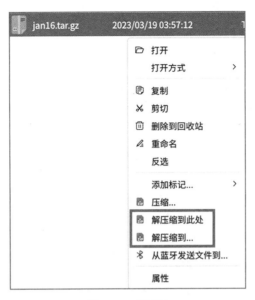

图 2-37　解压缩

②若选择【解压缩到】选项，可设置解压该文件的存储路径，如图 2-38 所示。选择完成后，单击【解压缩】按钮，就完成了文件的解压缩。

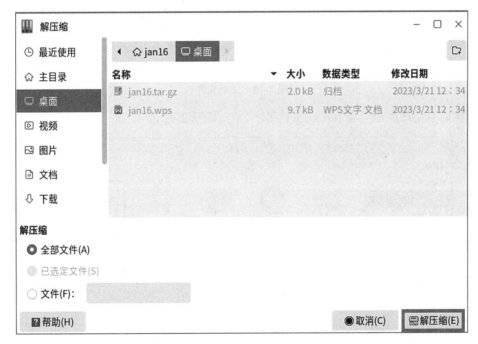

图 2-38　解压文件存储路径设置

③若选择【解压到此处】选项，则解压后文件将自动存放在当前目录的文件夹中。

3）使用命令行压缩文件

除了可以使用 Kylin 操作系统预装的文件管理器进行压缩和解压缩，还可以使用命令行进行压缩和解压缩。Kylin 操作系统支持多种压缩命令，下面介绍使用较多的 4 种压缩命令，分别是 tar 命令、zip 命令、bzip2 命令及 gzip 命令。

此处以 file1 和 file2 文件夹及 file1 文件为例，介绍如何使用 tar 命令压缩和解压缩文件。

①在文件管理器的桌面文件夹中找到【file1】文件夹，在界面空白处单击鼠标右键，在弹出的快捷菜单中选择【打开终端】选项，如图 2-39 所示。

②在终端中输入【tar -cvf file1.tar file1】命令，按【Enter】键后，如图 2-40 所示，若没有提示错误，则表示文件压缩成功。

图 2-39　选择【打开终端】选项

图 2-40　压缩文件

③在桌面文件夹中可查看压缩文件 file1.tar，如图 2-41 所示。

图 2-41　查看压缩文件

（4）类似地，还可以使用 zip 命令、bzip2 命令及 gzip 命令压缩文件，具体操作步骤与使用 tar 命令压缩文件类似，压缩文件命令名称及命令格式见表 2-1。

表 2-1　压缩文件命令名称及命令格式

命令名称	命令格式
zip	zip file1.zip file1
bzip2	bzip2 file1
gzip	gzip file1

4）使用命令行解压缩文件

①在文件管理器的桌面文件夹中创建【file2】文件夹，用于存放解压缩的文件，在主目录空白处，单击鼠标右键，在快捷菜单中选择【打开终端】选项。

②在终端中输入【tar-xvf file1.tar -C file2】命令，按【Enter】键后，如图 2-42 所示，如果没有提示错误，表示解压缩成功。

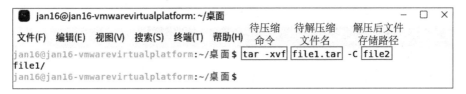

图 2-42　解压缩文件

③打开 file2 文件夹可以查看被解压的 file1 文件夹，如图 2-43 所示。

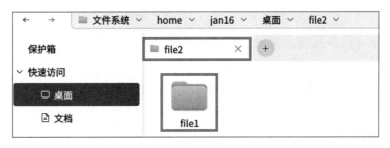

图 2-43　查看被解压文件夹

④类似地，还可以使用 unzip 命令、bunzip2 命令及 gzip 命令来解压缩文件，具体操作步骤与使用 tar 命令解压缩文件类似，解压缩文件命令名称及命令格式如表 2-2 所示。

表 2-2　解压缩文件命令名称及命令格式

命令名称	命令格式
unzip	unzip file1.zip
bunzip2	bunzip2 file1.bz2
gzip	gzip -d file1.gz

🦋 任务验证

若员工可以使用各种文件资源管理方式管理系统中存储的文件，就可完成 Jan16 公司信息中心办公 PC 上文件资源的管理。

练 习 与 实 践 2

一、理论习题

1. 填空题

（1）屏保程序原本是为了保护 _____，现在一般用于保护 _____。

（2）任务栏的显示模式有 _____ 和 _____。

（3）【Ctrl】+【Alt】+【T】是调出 _____ 的快捷键。

（4）文件管理器的高级搜索功能可以通过 _____、_____、_____、_____、_____ 和 _____ 进行更精准地搜索。

2. 简答题

（1）桌面图标的排序方式有哪些？

（2）快捷键【Ctrl】+【Z】、【Ctrl】+【C】及【Ctrl】+【V】的作用分别有什么？

（3）在文件管理器中使用哪两个快捷键可以快速切换图标视图和列表视图？

（4）在 Kylin 操作系统内置的文件管理器中可以新建哪几种类型的文档？分别是什么？

（5）如果想要用 tar 命令把当前目录下的压缩文件 f1.tar 解压缩到 home 目录下并命名为 f2，命令应该怎么写？

（6）简述使用文件管理器压缩与解压缩文件的步骤。

二、项目实训题

1. 项目背景

Jan16 公司信息中心业务发展迅速，员工也随之增加。近期信息中心新招聘一批员工，由于新员工对 Kylin 操作系统不熟悉，信息中心主任设计了一个小项目，让新员工查阅相关资料并动手实践，以便新员工能更好地使用 Kylin 操作系统。

2. 项目要求

（1）给桌面和锁屏设置一个相同的新壁纸；设置一个屏保，并勾选【恢复时需要密码】复选框，密码为 Jan16XXZX，设置计算机闲置达到 5 分钟后系统启动屏保。

（2）对桌面的图标按名称进行排序，并将图标大小设置为中。

（3）在任务栏上显示【回收站】【电源】【显示桌面】【多任务视图】【时间】【桌面智能助手】插件。

（4）将启动器切换为全屏模式，并在搜索文本框中输入【文件管理器】，快速定位到文件管理器，并在桌面上创建文件管理器的快捷方式。

（5）把文件管理器的显示视图设置为列表视图，使用高级搜索功能搜索系统中文件类型为文档、访问时间为今天、文件大小为 1～10MB 的所有文档文件。

（6）在桌面新建一个文件夹，文件夹名称为 Work，在 Work 文件夹下新建一个文本文档和一个 WPS 文档。使用命令行将 Work 文件夹压缩到当前目录下，并命名为 Work.tar。

项目 3 Jan16 公司办公电脑 Kylin 用户的创建与管理

 项目目标

知识目标：

（1）了解 Kylin 操作系统的账户类型；

（2）了解 Kylin 操作系统账户设置的流程。

能力目标：

（1）能创建并设置 Kylin 操作系统用户账户；

（2）能设置云账户。

素质目标：

（1）通过分析国产自主可控操作系统研发案例，树立职业荣誉感、爱国意识和创新意识；

（2）通过分析近年来我国遭遇的信息安全漏洞事件，树立信息安全意识；

（3）树立严谨操作、一丝不苟的工匠精神。

项目描述

Jan16 公司信息中心由信息中心主任黄工、系统管理组的系统管理员赵工和宋工 3 位工程师组成，组织架构图如图 3-1 所示。

图 3-1　Jan16 公司信息中心组织架构图

Jan16 公司信息中心办公网络拓扑如图 3-2 所示，PC1、PC2、PC3 均采用国产鲲鹏主机，且安装了 Kylin 操作系统。为了更好地管理和使用 Kylin 操作系统，需要对 Kylin 操作系统的用户进行管理。

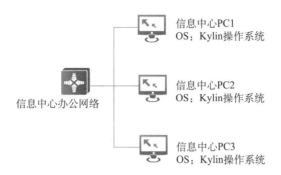

图 3-2　Jan16 公司信息中心办公网络拓扑

PC1、PC2、PC3 均预装了 Kylin 操作系统（桌面版），信息中心主任黄工日常办公使用 PC1，赵工和宋工日常办公分别使用 PC2 和 PC3。信息中心计算机的账户规划表见 3-1。

表 3-1　信息中心计算机的账户规划表

计算机名	用户账户	密码	权限	登录方式	麒麟 ID（云账号）
PC1	huang	H1@Jan16	管理员用户	密码登录	黄工手机号
PC2	zhao	Z2@Jan16	常规用户	自动登录	赵工手机号
PC3	song	S3@Jan16	常规用户	密码登录	宋工手机号

系统管理员需要根据账户规划表完成 3 台 PC 的账户配置及 3 位工程师的云账号配置。

项目分析

Kylin 操作系统是一个多用户多任务操作系统，系统管理员应通过创建用户账户为每个用户提供系统访问凭证。

本项目需要系统管理员熟悉 Kylin 操作系统的用户设置与管理，涉及以下工作任务。

①管理信息中心计算机的本地用户账户，根据计算机的账户规划表，完成 3 个员工账户的创建与配置。

②个人账户绑定麒麟云账户，实现用户个性化配置的远程同步。

相关知识

3.1　Kylin 桌面版的账户类型

Kylin 桌面版的账户类型分为本地账户与云账户。

本地账户是指存储在计算机内部的账户，常用的有普通用户账户和超级用户账户（Root）两种。Kylin 操作系统使用用户 ID（简称 UID）作为识别用户账户的唯一标识。Root 账户的 UID 为 0，普通用户的 UID 默认从 500 开始编号。

1）普通用户账户

普通用户登录系统后，只能访问他们拥有的或者有权限执行的文件，不执行管理任务，主要应用包括文字处理、收发邮件等。

2）超级用户账户

超级用户账户也叫管理员账户，它的任务是对普通用户和整个系统进行管理。超级用户账户对系统具有绝对的控制权，能够对系统进行一切操作，若操作不当很容易对系统造成损坏。因此，即使系统只有一个用户使用，也应该在超级用户账户之外再建立一个普通用户账户，在用户进行日常应用时以普通用户账户登录系统。

3.2 Kylin 的云账号

云账户是用户在麒麟软件有限公司注册的个人账户，登录后用户就可以使用云同步、应用商店、邮件客户端、浏览器等相关云服务功能。

开启云账户设置中的云同步功能，可自动同步各种系统配置到云端，如网络、声音、鼠标、更新、任务栏、启动器、壁纸、主题、电源等。若想在另一台设备上使用相同的系统配置，只需登录此云账户，即可一键同步以上配置到该设备。

任务 3-1 管理信息中心计算机的本地用户账户

任务规划

用户账户是访问 Kylin 操作系统的凭证，本项目要求根据表 3-1 在 3 台 PC 上分别创建对应的用户账户。

用户账户创建与管理

在安装操作系统时，已经创建了一个普通用户账户，下面只需再新创建其他几位工程师的账户，按照表 3-1 添加账户信息。

创建和管理 Jan16 公司信息中心用户账户，需要完成以下具体工作。

①在 PC1 上创建黄工账户并设置相关信息；

②在 PC2 和 PC3 上分别创建 2 个账户，即赵工和宋工，并按照计算机的账户规划表设置账户信息；

③修改登录方式；

④删除账户。

任务实施

1. 在 PC1 上创建黄工账户 huang 并设置相关信息

1）创建用户账户、设置密码并登录

①在开始菜单中，单击设置🟦图标，进入设置界面，依次单击【账户】→【账户信息】→【添加】，系统弹出【新建用户】对话框，输入用户名、密码及确认密码，选择账户类型为【管理员】，单击【确定】按钮，如图 3-3 所示。

注意：用户名首字母必须小写。

图 3-3 添加新用户

②在弹出的【授权】对话框中，提示需要输入当前管理员账户密码，如图 3-4 所示，验证成功后新账户就会添加到账户列表中，结果如图 3-5 所示。

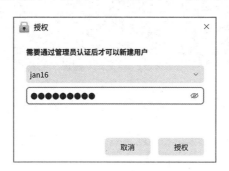

图 3-4 管理员授权

图 3-5　账户信息界面

③注销计算机，进入系统登录界面（如图 3-6 所示），选择【huang】账户，并在密码文本框中输入账户的密码进行登录。

图 3-6　系统登录界面

2）查看账户信息

①在开始菜单中，选择【设置】选项，打开账户设置界面，依次单击【账户】→【账户信息】选项，选择当前登录账户【huang】，如图 3-7 所示。

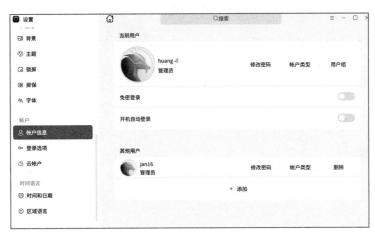

图 3-7　当前用户界面

②在当前用户界面，单击账户名称旁的 ✍ 图标，在系统弹出的【修改用户昵称】对话框中，可对用户昵称进行修改，如图 3-8 所示。

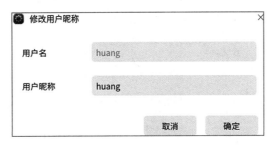

图 3-8　修改用户昵称

3）修改用户头像

在当前用户界面，如图 3-9 所示，单击账户名称旁的头像图标，系统弹出【用户头像】对话框，在该对话框中选择一个头像或选择本地图片，头像就替换完成了。

图 3-9　修改用户头像

4）修改账户密码

①在当前用户界面，如图 3-10 所示，单击【修改密码】按钮。

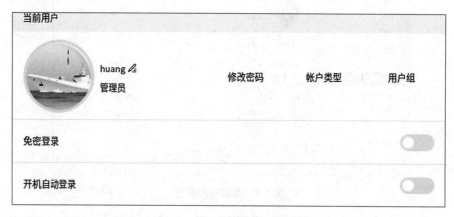

图 3-10 单击【修改密码】按钮

②系统弹出【修改密码】对话框，在文本框中输入当前密码、新密码及确认新密码，再单击【确定】按钮，即可完成用户密码修改，如图 3-11 所示。

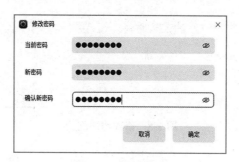

图 3-11 修改用户密码

注意：用户只能修改自己账户的密码，不能修改其他账户的密码。

2. 在 PC2 和 PC3 上分别创建赵工和宋工账户

下面以 PC2 为例进行演示操作。

①首先，创建赵工账户。在开始菜单中单击设置图标，接着单击【账户】选项。

②在账户信息界面，单击【+添加】按钮，如图 3-12 所示。

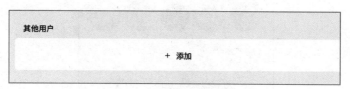

图 3-12 添加新用户

③在【新建用户】对话框中，按照账户规划表输入赵工的用户名、密码、确认密码及选择账户类型，单击【确定】按钮，如图 3-13 所示。

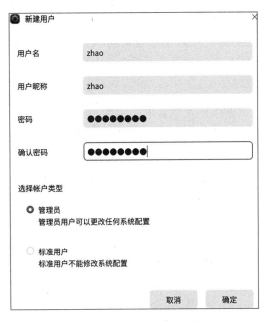

图 3-13　【新建用户】对话框

④系统弹出【授权】对话框，输入当前管理员账户的密码，进行授权，新账户就会添加到账户列表中，如图 3-14 所示。

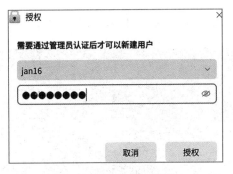

图 3-14　【授权】对话框

⑤根据步骤①～④在 PC3 上添加宋工账户，完成添加用户操作，结果如图 3-15 所示。

图 3-15　添加用户完成

3. 修改登录方式

以 PC2 为例，按照账户规划表，修改赵工的登录方式为自动登录、免密登录。

开启自动登录后，下次启动系统时（重启、开机）可直接进入桌面。但是，在锁屏和注销后再次登录需要输入密码。开启免密登录功能后，下次登录系统时（重启、开机和注销后再次登录），不需要输入密码，单击【登录】按钮，即可登录系统，具体操作步骤如下。

①在开始菜单中单击设置图标，接着单击【账户】选项。

②在当前用户界面，如图 3-16 所示，打开【免密登录】和【开机自动登录】开关即可。

图 3-16 启动免密登录和开机自动登录功能

③系统即开启免密登录和开机自动登录功能，如图 3-17 所示。

图 3-17 免密登录和开机自动登录

> **窍门**：若免密登录和开机自动登录功能同时开启，下次启动系统（重启、开机）则直接进入操作系统桌面。

4. 删除账户

宋工由于工作需要已转到其他部门，故要在 Jan16 公司信息中心的 PC3 中把宋工的账号删除，具体步骤如下：

①在开始菜单中单击设置图标，接着单击【账户】选项。

②在账户信息界面，选择当前未登录的账户，单击【删除】按钮。

③系统弹出提示对话框，如图 3-18 所示，对话框中有两个单选按钮，即【保留该用户下所属的桌面、文件、收藏夹、音乐等数据】及【删除该用户所有数据】，单击【删除】按钮即可删除用户。

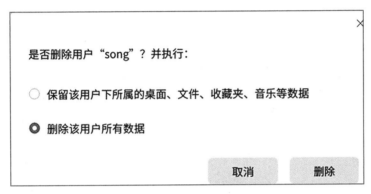

图 3-18　删除用户提示对话框

④接着系统弹出【授权】对话框，如图 3-19 所示，输入当前管理员密码，单击【授权】按钮，账户删除完成。

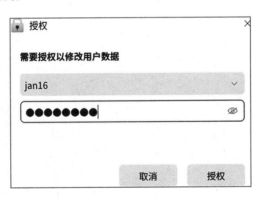

图 3-19　删除账户授权

注意：已登录的账户无法被删除。

任务验证

（1）在 PC1 上以黄工的账户登录，如图 3-20 所示，验证黄工的用户信息是否正确、能否正常登录。

图 3-20　登录并验证用户信息

（2）在 PC2 上验证赵工登录信息。按照账户规划表，验证赵工的用户信息是否正确、能否正常登录。

①登录赵工账户时，不需要输入密码，直接进入操作系统桌面，如图 3-21 所示。

图 3-21　操作系统桌面

②在账户信息界面，查看当前用户的【免密登录】和【开机自动登录】开关是否开启，结果如图 3-22 所示。

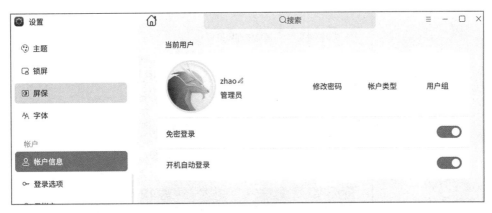

图 3-22 查看【免密登录】和【开机自动登录】开关是否开启

任务 3-2 个人账户绑定麒麟账户

云账户注册

任务规划

黄工、赵工以手机号注册云账户登录 Kylin 操作系统，登录后开启同步功能，同步账户信息。

任务实施

下面以赵工为例演示个人账户绑定麒麟 ID 账户的操作，赵工使用手机号、邮箱注册 Kylin ID，登录后开启同步功能。

①在设置界面，选择【云账户】选项，单击【登录】按钮，系统打开登录云账户界面，单击【注册云账户】按钮，如图 3-23 所示。

②在跳转后出现的注册界面中，单击【个人用户注册】按钮，打开注册麒麟 ID 界面，输入用户名、邮箱、密码、确认密码、手机号码、验证码及图形验证码，并勾选【我已阅读并接受用户协议】复选框，单击【注册】按钮，如图 3-24 所示。

③注册过程中，还需前往邮箱进行确认注册，如图 3-25 所示。

④在邮箱中接收到麒麟云平台发送的验证邮件后，单击【确认注册】按钮，验证通过后，云账户注册成功，如图 3-26 所示。

图 3-23　登录云账户界面

图 3-24　注册麒麟 ID

图 3-25　确认注册

图 3-26　注册成功

⑤返回登录云账户界面，登录方式有两种，账号密码登录，如图 3-27 所示；以及短信快捷登录，如图 3-28 所示。输入登录账号信息后，单击【登录】按钮即可登录云账户。

图 3-27　账号密码登录界面[①]　　　　　**图 3-28　短信快捷登录界面**

⑥在弹出的云账户信息界面，单击开启【自动同步】开关，如图 3-29 所示，系统进行自动同步配置。

图 3-29　自动同步配置

---

① 在 Kylin 操作系统相关界面中，帐号应为账号。

小贴士：

开启云同步后可自动同步各种系统配置到云端，如网络、声音、鼠标、更新、任务栏、启动器、壁纸、主题、电源等。若想在另一台计算机上使用相同的系统配置，只需登录此云账户，即可一键同步以上配置到该设备。窍门：当【自动同步】开关开启时，可以选择同步项；当【自动同步】开关关闭时，则同步项全部不可选。

任务验证

赵工使用已注册的云账户登录PC3，验证个性化桌面设置自动从云端下载。

①打开登录云账户界面，如图3-30所示，在文本框内输入用户名、密码和验证码，并单击【登录】按钮，完成云账户登录信息输入。

②在弹出的云账户信息界面，如图3-31所示，单击开启【自动同步】开关，使系统进行自动同步配置。

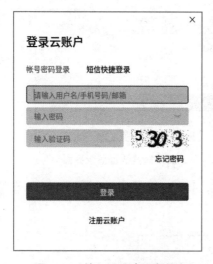

图3-30　输入云账户登录信息

图3-31　自动同步配置

练习与实践3

项目实训题

1.项目背景

公司销售部包括销售总监李总，销售经理杨经理、张经理，共3名员工。

销售部为满足日常办公需要，特采购了3台安装有Kylin操作系统的PC。按表3-2为销售部的 3 台 PC 进行账户设置，并注册云账户。

表 3-2　研发部员工账户规划表

姓名	计算机名	用户账户	密码	岗位	登录方式
李总	PC1	Li	Lz@Jan16	销售总监	密码登录
杨经理	PC2	Yang	Yjl@Jan16	销售经理	无密码登录
张经理	PC3	Zhang	Zjl@Jan16	销售经理	自动登录

2. 项目要求

（1）根据表 3-2 所列账户规划表，在销售部 PC 系统上进行账号设置，并截取 3 个用户登录界面的截图。

（2）为 3 个用户设置云账户，并截取登录成功界面的截图。

项目 4　Jan16 公司办公电脑网络设置与应用

Kylin 操作系统
网络配置

 项目目标

知识目标：

（1）了解 Kylin 操作系统网络连接的方式；

（2）了解 Kylin 操作系统网络设置的步骤。

能力目标：

（1）能进行 Kylin 操作系统有线网络设置；

（2）能进行 Kylin 操作系统无线网络设置；

（3）能使用浏览器浏览网页。

素质目标：

（1）通过分析国产自主可控软硬件研发案例，树立职业荣誉感和爱国意识；

（2）通过 Kylin 与 Windows 操作系统功能对比，激发创新和创造意识；

（3）树立网络安全、信息安全的意识。

项目描述

Jan16 公司信息中心由信息中心主任黄工、系统管理组的系统管理员赵工和宋工 3 位工程师组成，组织架构图如图 4-1 所示。

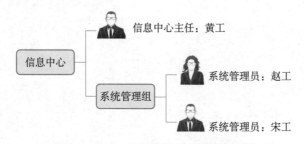

图 4-1　Jan16 公司信息中心组织架构图

Jan16 公司信息中心办公网络拓扑如图 4-2 所示，PC1、PC2、PC3 均采用国产鲲鹏主机，已经安装 Kylin 操作系统并完成了桌面和账户配置，为了能连接网络，需要对网络进行设置。

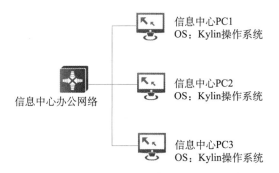

图 4-2　Jan16 公司信息中心办公网络拓扑

PC1、PC2、PC3 均需进行有线网络、无线网络的配置，以实现通过浏览器浏览网页。

项目分析

本项目需要系统管理员熟悉网络配置的方法，并能准确地进行网络配置，从而使用户能够使用浏览器浏览网页。本项目主要涉及以下工作任务。

（1）使用有线连接网络；

（2）使用无线连接网络；

（3）使用浏览器浏览网页。

相关知识

4.1　网络连接方式

登录 Kylin 操作系统后，用户需要连接网络，才能接收邮件、浏览新闻、下载文件、聊天、网上购物等。Kylin 操作系统提供多种连接网络的方式，用户可以根据需求选择相应的方式进行连接。常见的网络连接方式有两种，一种是有线网络，另一种是无线网络。

有线网络（Wired Network）是指采用同轴电缆、双绞线和光纤来连接的计算机网络。双绞线是目前最常见的网络连接介质。双绞线价格低廉、安装方便，但易受干扰，传输率较低，传输距离比同轴电缆要短。光纤，是光导纤维的简写，在日常生活中，由于光在光导纤维中的传导损耗比电在电线中的传导损耗低得多，因此常用于长距离的信息传递。

无线网络（Wireless Network）是采用无线通信技术实现的网络。无线网络既包括远距离无线连接的全球语音和数据网络，也包括利用红外线技术及射频技术优化的近距离无线网络。无线网络与有线网络的用途十分类似，最大的不同在于传输媒介不同，它利用无线电技术取代网线。无线网络相比有线网络的优点如下。

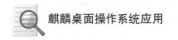

1.高灵活性

无线网络使用无线信号通信，网络接入更加灵活，只要有信号的地方都可以随时随地将网络设备接入网络。

2.可扩展性强

无线网络终端设备接入数量限制更少，相比有线网络一个接口对应一个设备，无线路由器允许多个无线终端设备同时接入无线网络，因此在网络规模升级时无线网络的优势更加明显。

4.2　无线局域网

无线局域网（Wireless Local Area Network，WLAN），指应用无线通信技术将计算机设备互联起来，构成可以互相通信和实现资源共享的网络体系。无线局域网的本质特点是不再使用通信电缆将计算机与网络连接起来，而是通过无线的方式连接，从而使网络的构建和终端的移动更加灵活。

WLAN 是相当便利的数据传输系统，它利用射频（Radio Frequency，RF）技术，使用电磁波取代电缆所构成的局域网络，在空中进行通信连接，通过简单的存取架构可让用户达到"信息随身化、便利走天下"的理想境界。

4.3　TCP/IP 参数

无论是有线网络还是无线局域网，网络连接的 TCP/IP 参数通常都是自动获取的。如果是手动配置，通常由网络管理员提供以下几个关键参数：IP 地址、子网掩码、默认网关及 DNS 服务器。这些配置参数项各自扮演着重要的角色，以确保网络通信的正常进行。

1.IP 地址

IP 地址是分配给网络设备（如计算机、路由器）的唯一标识符，用于在网络中定位和识别设备。IP 地址由 32 位的二进制数组成，通常被分割为 4 个 "8 位二进制数"（也就是 4 个字节），用点分十进制表示，如 192.168.0.1。手动配置 IP 地址时，由网络管理员分配一个合适的、不与网络中其他设备冲突的 IP 地址。

2.子网掩码

子网掩码是一个 32 位地址，由一段连续的 1 和一段连续的 0 组成，全为 1 的位代表网络号。子网掩码不能单独存在，它必须结合 IP 地址一起使用，用于将 IP 地址划分成网络地址和主机地址两部分。子网掩码能够帮助网络设备确定哪些地址属于同一网络段，哪些地址属于其他网络段。子网掩码的设置对于网络内设备的通信至关重要，确保数据能够在正确的网络范围内传输。

3. 默认网关

默认网关是网络设备用于访问其他网络或互联网的出口点。当设备需要发送数据包到非本地网络时，设备会将数据包发送到默认网关，由网关进行路由选择并转发到目标网络。因此，正确设置默认网关对于设备访问外部网络至关重要。

4.DNS 服务器

DNS 服务器负责将域名转换为 IP 地址。在浏览器中输入网址时，设备通过 DNS 服务器查询到与该域名对应的 IP 地址，从而能够访问目标网站。手动配置网卡时，设置正确的 DNS 服务器地址对于网络设备的域名解析功能至关重要。

通过正确设置这些配置参数项，可使网络设备能够在网络中正常通信和访问互联网资源。

任务 4-1　使用有线连接网络

 任务规划

Jan16 公司信息中心 PC 的 Kylin 操作系统桌面设置完成之后，用户需要连接网络，才能进行接收邮件、浏览新闻、下载文件、聊天、网上购物等操作。

有线网络的特点是安全、快速、稳定，是较常见的网络连接方式。

Kylin 操作系统有线网络连接的操作步骤如下。

①开启有线网络连接功能。

②设置有线网络。

 任务实施

1. 开启有线网络功能

①将网线的一端插入计算机上的网络端口，将网线的另一端插入路由器或网络端口。

②单击任务栏中的电脑图标，在弹出的有线网络界面可看到相关的网络连接，单击【有线网络】右侧的开关按钮，即可连接上有线连接 1，如图 4-3 所示。当网络连接成功后，桌面右上角将弹出【连接有线网络成功】的提示信息。

图 4-3　连接有线网络

2. 设置有线网络

在网络设置界面还可以配置或新建有线网络，操作步骤如下。

①在设置首页，单击【网络】选项，如图 4-4 所示。

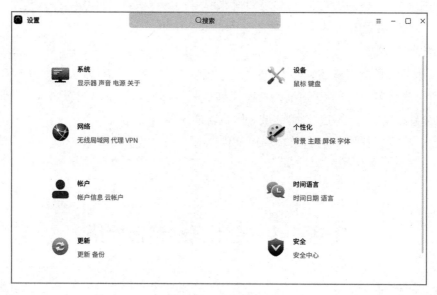

图 4-4　设置首页

②在网络设置界面，可进行有线网络、无线局域网、VPN、代理的相关配置，如图 4-5 所示。

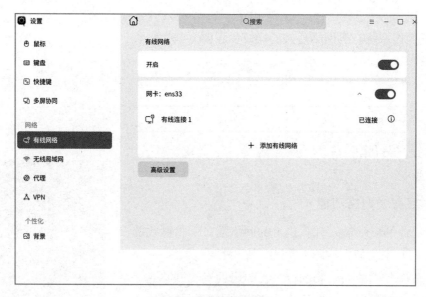

图 4-5　网络设置界面

③在有线网络界面中，用户可单击已有连接右侧的叹号图标对已有连接进行配置，或者单击【+添加有线网络】按钮添加有线网络，如图 4-6 所示。

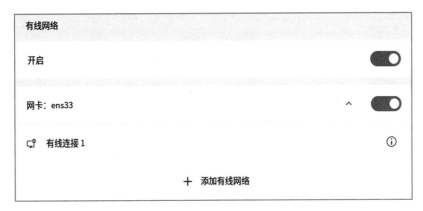

图 4-6　网络连接设置

④对已有网络连接进行编辑时，系统弹出的对话框中有【详情】【IPv4】【IPv6】【配置】4 个选项卡。其中，在【详情】选项卡中仅可查看当前连接的详情，在【IPv4】选项卡中可以对 IPv4 选项进行编辑，在【IPv6】选项卡中可以对 IPv6 选项进行编辑，在【配置】选项卡中可以配置连接为公用网络或专用网络。切换到在【IPv4】选项卡，当 IPv4 配置为自动时，IPv4 地址为自动获取，所有选项均不可填写；当 IPv4 配置为手动时，地址及子网掩码为必填项，默认网关、首选 DNS 及备选 DNS 为选填项，如图 4-7 所示。【IPv6】选项卡中参数项配置同【IPv4】选项卡。

⑤添加有线网络时，在系统弹出的对话框中需要输入网络名称（自定义），且默认仅配置 IPv4 选项，如图 4-8 所示。如需要使用 IPv6 地址，可以在添加有线网络后，再对已有网络连接进行编辑。

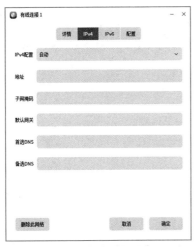

图 4-7　编辑已有网络连接

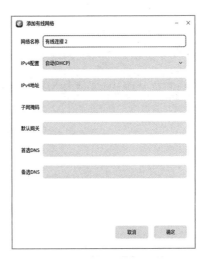

图 4-8　添加有线网络

⑥如需删除相关的网络连接，可以在有线网络界面中，单击对应网络连接右侧的叹号图标，在弹出的对话框中单击【删除此网络】按钮，如图 4-9 所示。

图 4-9　删除网络连接

任务验证

设置好有线网络后，在终端使用"ping"命令测试连接百度网站以确认 Kylin 操作系统能否正常联网，如图 4-10 所示。

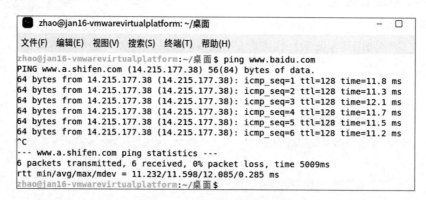

图 4-10　"ping"命令联网测试

任务 4-2　使用无线连接网络

任务规划

Jan16 公司信息中心 PC 的 Kylin 操作系统桌面设置完成之后，用户需要连接网络，才能进行接收邮件、浏览新闻、下载文件、上网购物等操作。

与有线网络相比，无线网络摆脱了线缆的束缚，上网形式更加灵活。

Kylin 操作系统无线网络连接的操作步骤如下。

（1）连接无线局域网（WLAN）；

（2）连接隐藏网络。

任务实施

1. 连接无线局域网（WLAN）

连接无线局域网的具体操作步骤如下。

在无线局域网设置界面，单击【开启】右侧的开关按钮，开启无线局域网功能，计算机会自动搜索并显示附近可用的无线局域网，如图 4-11 所示。

图 4-11　无线局域网设置界面

②选择某个无线局域网后，单击【连接】按钮，计算机可自动连接该无线局域网。另外，在无线局域网设置界面，单击【断开】按钮，将清除该无线局域网配置，下次连接该无线局域网时需要重新输入配置信息，如图 4-12 所示。

③选择需要连接的无线局域网，此时可能会出现如下两种情况。

● 如果该无线局域网是开放的，计算机将自动连接到无线局域网。

● 如果该无线局域网是加密的，需要根据提示输入

图 4-12　连接无线局域网

正确密码，单击【连接】按钮，计算机才能连接到无线局域网。

2. 连接隐藏网络

（1）为了防止他人扫描到个人的无线局域网，进而破解无线局域网密码连接到网络，可以在路由器设置界面隐藏无线局域网，并通过设置【加入其他网络】连接到隐藏的无线局域网。在路由器中设置隐藏无线局域网的操作步骤如下。

①接通路由器电源后，在浏览器地址栏输入路由器背面标签上的网址或 IP 地址（如 192.168.1.1），并输入密码等，进入路由器设置界面。

②选择【无线设置】，在无线设置界面的【基本设置】中单击【信息隐藏】按钮。

（2）在路由器中完成无线局域网设置后，用户需要手动连接到隐藏网络才能上网，具体操作步骤如下。

①单击任务栏右下角中的电脑图标，单击【无线局域网】选项，单击【加入其他网络】。

②在连接到隐藏 WLAN 界面的文本框中输入网络名称和密钥后，单击【确定】按钮即可加入隐藏网络，如图 4-13 所示。

图 4-13　加入隐藏网络

 任务验证

连接到设置好的无线局域网，测试网络是否连接成功。

任务 4-3　使用浏览器浏览网页

任务规划

浏览器是一种用于检索并展示网络信息资源的应用程序，可用于检索并展示文字、图片及其他信息，方便用户快速查找与使用。Jan16 公司信息中心的 PC 网络设置完成后，需要使用浏览器浏览网页信息。

任务实施

奇安信可信浏览器是 Kylin 操作系统预装的一款高效、稳定的网页浏览器，有着简单的交互界面，界面上包括地址栏、菜单栏等组成部分。

①在 Kylin 操作系统界面的任务栏中单击浏览器图标，如 4-11 所示；或者在开始菜单中进行搜索，都可打开奇安信可信浏览器。

图 4-14　任务栏

②在地址栏输入要访问的网站地址（如百度一下），按【Enter】键即可访问网站，如图 4-15 所示。

图 4-15　访问百度一下网站

③在菜单栏中单击自定义及控制浏览器按钮，可进行浏览器功能设置，如图 4-16 所示。

图 4-16　自定义及控制浏览器按钮菜单

④选择【打开新的标签页】选项，开启网站的页面多标签功能。单击网页标签右侧的＋按钮，可以添加多标签网页，如图 4-17 所示。

图 4-17　添加多标签网页

⑤单击☆按钮，可为此标签页添加书签，即把当前网页添加到书签，如图 4-18 所示。

图 4-18　添加书签

⑥单击【设置】选项，打开浏览器设置界面，对浏览器进行如网页缩放、字号调节等设置，如图 4-19 所示。

图 4-19　浏览器设置界面

 任务验证

以黄工账号登录 Kylin 操作系统，查看浏览器设置是否正确。

练 习 与 实 践 4

一、理论习题

1.填空题

（1）有线网络是指采用 _____ 、 _____ 和 _____ 来连接的计算机网络。

（2）一个 IP 地址由 _____ 位二进制数组成，主要包括两个部分，一部分是 _____ ，另一部分是 _____ 。

（3）B 类 IP 地址的私有地址是 _____ 。

（4）C 类 IP 地址的地址范围为 _____ 。

（5）网络地址是指 _____ 不变， _____ 全为 0 的 IP 地址，广播地址是指 _____ 不变， _____ 全为 1 的 IP 地址。

2.选择题

（1）在下面的 IP 地址中，属于 C 类地址的是（　　　　）。

A. 141.0.0.0　　　　B. 10.10.1.2　　　　C. 197.234.111.123　　　　D. 225.22.33.11

（2）下面哪个传输介质常用于长距离的信息传输？（　　　）

A. 同轴电缆　　　　B. 双绞线　　　　C. 光纤　　　　D. 无线电波

（3）下面选项中有效的 IP 地址是（　　　）。

A. 262．200．130．45　　　　　　B. 130．192．33．45

C. 192．256．130．45　　　　　　D. 280．192．33．22

3.简答题

（1）简述与无线网络相比有线网络的优点。

（2）简述如何连接到隐藏网络。

二、项目实训题

1.项目背景

Jan16 公司信息中心原本由信息中心主任黄工、系统管理组的系统管理员赵工和宋工 3 位工程师组成，组织架构图如图 4-20 所示。

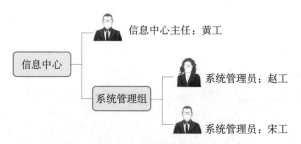

图 4-20　Jan16 公司信息中心组织架构图

Jan16 公司信息中心办公网络拓扑如图 4-21 所示，PC1、PC2、PC3 均采用国产鲲鹏主机，均已安装 Kylin 操作系统。

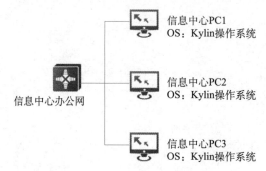

图 4-21　Jan16 公司信息中心办公网络拓扑

由于黄工不需要经常外出，故通过有线方式连接公司网络即可。赵工和宋工需要经常外出调试设备，故通过无线方式连接公司网络会更方便。项目实训规划表见表 4-1。

表 4-1　项目实训规划表

项目任务	完成任务所需步骤
帮助黄工使用有线连接网络	开启有线网络连接功能
	设置有线网络
帮助赵工和宋工使用无线连接网络	搜索无线网络
	连接无线网络

2. 项目要求

（1）根据项目实训规划表，完成项目第一个任务并截取以下系统截图。

①开启有线网络连接功能，截取有线网络设置界面。

②网络连接成功后，截取【已连接有线连接】提示界面。

（2）根据项目实训规划表，完成项目第二个任务并截取以下系统截图。

①开启无线网络连接功能后，截取控制中心的无线网络设置界面。

②连接到公司网络后，截取无线网络设置界面。

项目 5　Jan16 公司办公电脑应用软件的安装与管理

 项目目标

知识目标：

（1）了解应用软件的类别；

（2）了解应用软件的使用方法。

能力目标：

（1）会下载并安装常用应用软件；

（2）会设置输入法；

（3）会设置邮箱并进行邮件的收发操作；

（4）会安装并使用日常的办公软件；

（5）会使用截图软件；

（6）会设置并使用系统安全应用软件。

素质目标：

（1）通过分析国产自主可控软硬件研发案例，树立职业荣誉感、爱国意识；

（2）通过 Kylin 与 Windows 操作系统功能对比，激发创新和创造意识；

（3）树立网络安全、信息安全的意识。

 项目描述

Jan16 公司信息中心由信息中心主任黄工、系统管理组的系统管理员赵工和宋工 3 位工程师组成，组织架构图如图 5-1 所示。

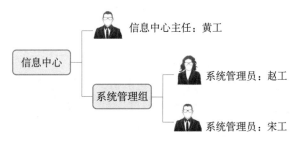

图 5-1　Jan16 公司信息中心组织架构图

Jan16 公司信息中心办公网络拓扑如图 5-2 所示，PC1、PC2、PC3 均采用国产鲲鹏主

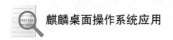

机，已经安装了 Kylin 操作系统并完成了网络配置。

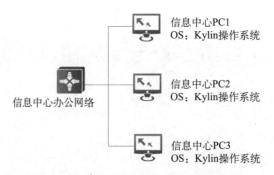

信息中心PC1
OS：Kylin操作系统

信息中心PC2
OS：Kylin操作系统

信息中心办公网络

信息中心PC3
OS：Kylin操作系统

图 5-2　Jan16 公司信息中心办公网络拓扑

为了能更好地进行日常办公，PC1、PC2、PC3 均需要下载、安装并设置常用办公软件。

本项目需要信息中心系统管理员熟悉应用软件管理的方法，下载、安装并管理常用办公软件，主要涉及以下工作任务。

（1）管理应用程序；

（2）安装与设置输入法；

（3）邮箱应用；

（4）办公应用；

（5）多媒体应用；

（6）系统安全应用。

5.1　软件商店

Kylin 操作系统预装的软件商店是一款集应用软件展示、下载、安装、卸载、评论、评分、推荐于一体的应用程序。软件商店筛选和收录了不同类别的应用软件，每款应用软件都经过人工安装和验证。在软件商店中可以搜索热门应用软件，一键下载并自动安装。

5.2　基于命令行的包管理器

包管理器是 Linux 操作系统的核心组件之一，是基于命令行的软件管理工具。包管理器的存在，使得软件的安装、更新、卸载变得十分容易。

Kylin 操作系统采用的包管理器是 apt 包管理器，有了 apt 包管理器，普通用户就不需要了解复杂的规则，只需要了解基本的安装、卸载等命令即可完成相关操作。apt 包管理器中常见的命令及说明见表 5-1。

apt 包管理器是一个简单的软件包下载和安装的命令行接口，只需要输入软件包名，apt 包管理器就会自动在软件仓库中搜索软件包，进行下载和安装。如果下载的软件包还依赖其他包，apt 包管理器会自动下载并安装依赖包。

表 5-1　apt 包管理器中常见的命令及说明

命令	说明
apt-get install \<package\>	安装软件
apt-get -f install \<package\>	修复安装的软件
apt-get remove \<package\>	卸载软件包
apt-get remove \<package\> -purge	卸载软件包的同时删除其配置文件
apt-get update	更新软件源
apt-get upgrade	更新已安装的软件包

Kylin 操作系统安装完成后，其有一个默认的软件源，软件源配置文件路径为 /etc/apt/sources.list。根据使用需求可以手动配置软件源，配置过程如下。

①打开终端，输入命令 sudo vim /etc /apt/sources.list。

②编辑或修改 sources.list 配置文件。

③编辑或修改完成后保存退出，然后执行 sudo apt-get update 命令，使新的软件源生效。

任务 5–1　管理应用程序

管理应用程序

 任务规划

Jan16 公司员工计算机上都需要安装一些常用的应用软件以方便日常办公，因此对应用软件的管理就显得非常必要了。Kylin 操作系统预装的软件商店就可以满足员工下载、安装、卸载应用软件的需要。

🦋 任务实施

1. 使用软件商店下载、安装及卸载应用软件

1）打开软件商店

单击任务栏上的软件商店图标🙂，即可进入软件商店，界面如图 5-3 所示。

图 5-3　软件商店界面

2）搜索应用软件

软件商店自带搜索功能，支持文字搜索方式。

在软件商店界面，单击搜索按钮🔍，在打开的搜索文本框中输入关键字，进行应用软件搜索。搜索文本框下方将自动显示包含该关键字的所有应用软件，如图 5-4 所示。

图 5-4　搜索应用软件

3）安装应用软件

软件商店提供一键式的应用软件下载和安装功能，无须手动处理。在下载和安装应用软件的过程中，可以进行暂停、删除等操作，还可以查看当前应用软件下载和安装的进度，具体操作步骤如下。

①在软件商店界面，鼠标指针悬停在应用软件的图标或名称上，单击【安装】按钮，即可开始下载和安装该应用软件，如图 5-5 所示。

图 5-5　下载和安装应用软件

提示：如果想要详细了解应用软件，可单击应用软件的图标或名称进入应用软件详情界面，查看应用软件的基本信息，然后再进行安装，如图 5-6 所示。

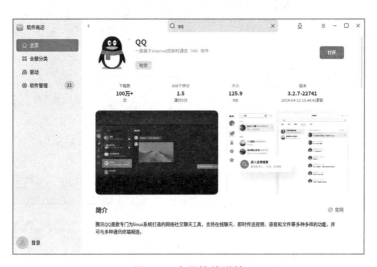

图 5-6　应用软件详情

②单击【软件管理】选项，打开【软件管理】界面，在该界面可以查看【更新软件】【卸载软件】【历史安装】的相关信息，如图 5-7 所示。

图 5-7　【我的】界面

③安装完成后，应用软件就显示在【历史安装】界面中，同时在桌面也可看到相关软件的图标，如图 5-8 所示。

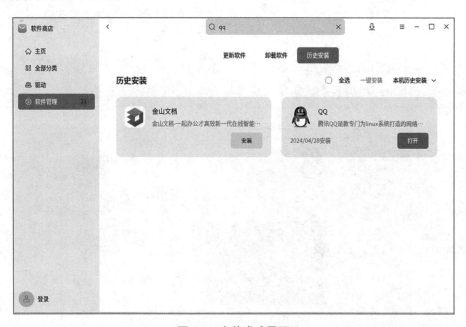

图 5-8　安装成功界面

4）卸载应用软件

对于不再使用的应用软件，可以选择将其卸载，以节省磁盘空间。

可以通过软件商店或者在开始界面进行应用软件卸载，具体步骤如下。

①在软件商店界面，单击【应用卸载】选项，选择相关的应用软件，单击【卸载】按钮后，即可卸载应用软件，如图 5-9 所示。若想重新下载，可在【历史安装】中进行搜索安装。

图 5-9　卸载应用软件

②右键单击要卸载的应用软件图标，在快捷菜单中选择【卸载】选项，即可完成应用软件的卸载，如图 5-10 所示。单击开始界面右上角的扩大图标，可以使用户更方便查找对应的应用软件，如图 5-11 所示。

图 5-10　应用软件快捷菜单

图 5-11　开始界面

2. 管理默认程序

当安装有多个功能相似的应用软件时，可以通过右键快捷菜单或控制中心为某种类型的文件指定某个应用软件作为打开文件的默认程序。

1）更改默认程序

更改默认程序有两种方法，可以通过右键快捷菜单更改，或者通过设置中心更改。下面以打开 PDF 文件为例介绍更改默认程序的具体操作。

（1）通过右键快捷菜单更改

①右键单击 PDF 文件，在弹出的快捷菜单中选择【打开方式】子菜单下的【更多应用】选项，如图 5-12 所示。

图 5-12　文本文件右键快捷菜单

②在打开的【应用程序】对话框中选择【奇安信可信浏览器】选项，并勾选【设为默

认】复选框，单击【确定】按钮，即可设置该应用软件为 PDF 文件的默认程序，如图 5-13
所示。

图 5-13　设置默认程序

③再次双击该 PDF 文件，可以看到默认使用
奇安信可信浏览器打开 PDF 文件，如图 5-14 所示。

（2）通过设置中心更改

①在设置中心界面，选择【默认应用】选
项，即可查看当前的默认程序，单击图标 ∨，即
可查看或选择其他应用软件作为默认程序，如图
5-15 所示。

**图 5-14　默认使用奇安信可信浏览器打开
PDF 文件**

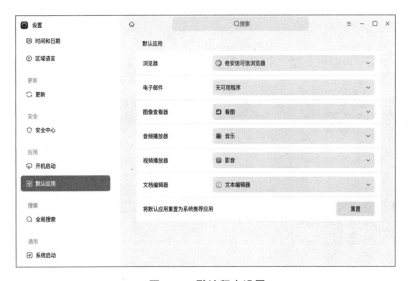

图 5-15　默认程序设置

任务验证

1. 查看办公电脑已经安装的应用软件

登录账户后，通过开始界面查看已安装的应用软件，结果如图 5-16 所示。

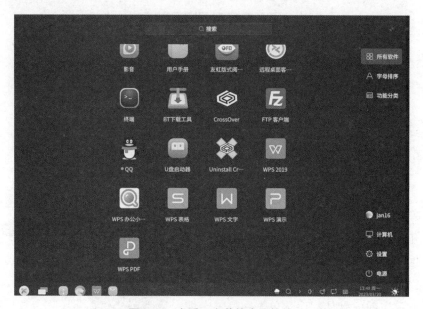

图 5-16　查看已安装的应用软件

2. 查看已经设置好的默认程序

双击任意 PDF 文件，查看是否默认使用奇安信可信浏览器打开文件，结果如图 5-17 所示。

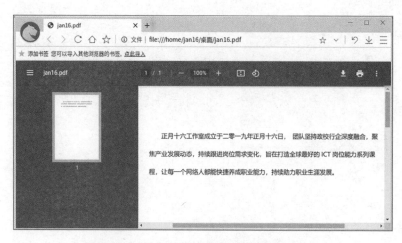

图 5-17　默认使用奇安信可信浏览器打开文件

管理输入法

任务 5-2　安装与设置输入法

 任务规划

虽然 Kylin 操作系统内置的输入法可以满足部分员工的办公需要，但是一部分员工希望使用更符合自己习惯的输入法，这时候就可以通过安装其他输入法来满足员工对输入法的要求。

本任务实施可分为以下两个步骤。

（1）安装输入法；

（2）设置输入法。

 任务实施

1. 安装输入法

①在任务栏单击软件商店图标，打开软件商店界面。在搜索文本框中输入要安装的输入法名称（如百度输入法），如图 5-18 所示。

图 5-18　搜索输入法

②选择【百度输入法】，单击图标右侧的【安装】按钮，进行输入法的下载与安装。此时，用户可以单击软件商店右上角的 ⌂ 图标，在弹出的悬浮界面中查看输入法安装的进度，如图 5-19 所示。

2. 设置输入法

输入法配置是 Kylin 操作系统预装的应用程序，用以对操作系统中已经安装的输入法进行设置，包括快捷键、外观等，新安装的输入法将会在输入法列表中同步显示。

输入法配置操作如下。

图 5-19 输入法的下载与安装

①右键单击任务栏上的输入法图标 ，如图 5-20 所示，在快捷菜单中选择【配置】选项，打开【输入法配置】对话框，如图 5-21 所示。

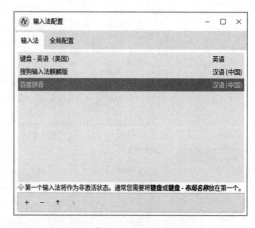

图 5-20 输入法快捷菜单　　　　　　图 5-21 【输入法配置】对话框

②在【输入法配置】对话框，可以添加、删除输入法，以及调整输入法的上下顺序，操作方法如下。

在【输入法配置】对话框中选中一个不再使用的输入法，如图 5-22 所示，单击删除按钮【－】，即可删除该输入法，在切换输入法时被删除的输入法将不会出现。例如，选中【搜狗输入法麒麟版】，单击【－】按钮，搜狗输入法麒麟版即被删除，结果如图 5-23 所示。

③如果后续还想使用已经被删除的输入法，可以单击添加【＋】按钮，在弹出的【添加输入法】对话框（见图 5-24）中选中需要的输入法，再单击【确认】按钮，即可完成输入法的添加，同时该输入法会出现在输入法列表中。

④在【输入法配置】对话框选中一输入法，单击向上 <kbd>↑</kbd> 按钮或向下 <kbd>↓</kbd> 按钮，即可调整该输入法在列表中的顺序，如图 5-25 所示。

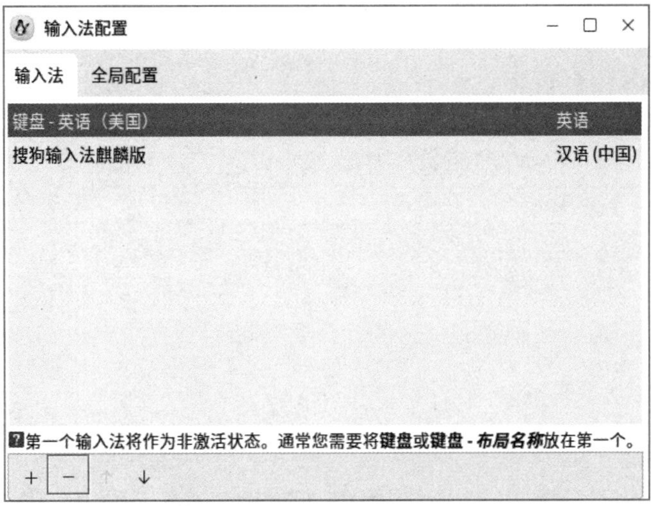

图 5-22　删除输入法

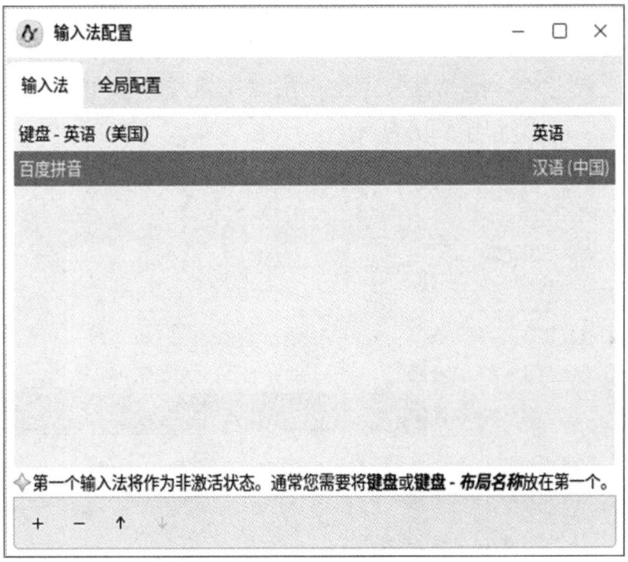

图 5-23　删除输入法后的显示

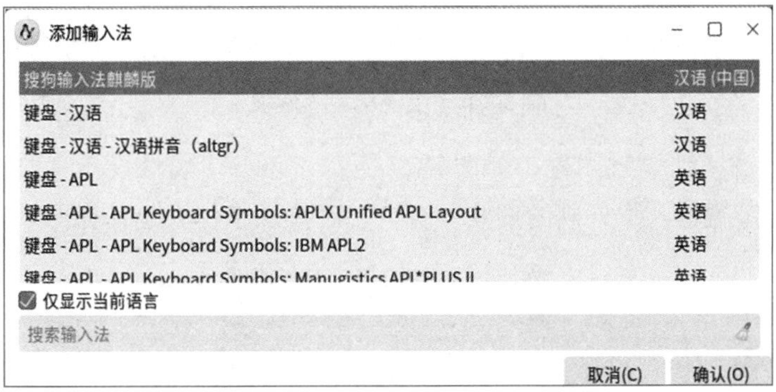

图 5-24　【添加输入法】对话框

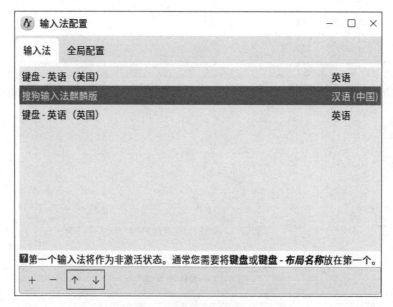

图 5-25　调整输入法的顺序

⑤在【输入法配置】对话框，打开【全局配置】选项卡，可根据操作习惯设置输入法快捷键和程序的相关选项，如图 5-26 所示。

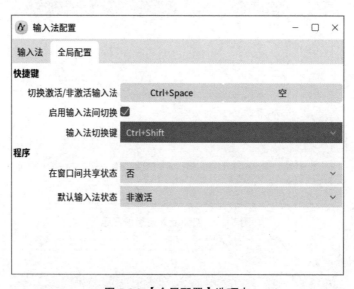

图 5-26　【全局配置】选项卡

⑥单击搜狗输入法设置图标，如图 5-27 所示，打开【属性设置】对话框，选择【外观】选项，即可设置输入法外观的皮肤、颜色、字体和字体大小，如图 5-28 所示。

图 5-27　搜狗输入法设置图标

图 5-28　搜狗输入法外观设置

⑦在搜狗输入法的【属性设置】对话框中，选择【高级】选项，可根据个人习惯配置快捷键、其他设置和辅助功能等。修改完成后，可单击【应用】按钮或【确定】按钮完成设置，如图 5-29 所示。

图 5-29　搜狗输入法高级设置

在 Jan16 公司的办公电脑上查看系统预装和自己安装的都有哪些输入法，配置是否正确，结果如图 5-30 所示。

图 5-30　输入法配置结果

任务 5-3　邮箱应用

邮箱应用

收发邮件是日常办公必不可少的应用之一，Kylin 操作系统预装的邮件客户端是一款易于使用的桌面电子邮件客户端，可以同时管理多个邮箱账号。

Jan16 公司办公电脑邮箱的设置和使用可分以下三个步骤进行。

（1）运行及登录邮箱；

（2）邮箱设置；

（3）收发邮件。

1. 运行及登录邮箱

1）运行邮箱

①在开始菜单中上下滚动鼠标滚轮浏览或通过搜索找到【邮件客户端】选项，单击该选项运行邮箱，如图 5-31 所示。

图 5-31　搜索【邮件客户端】

②打开邮件 - 邮件客户端界面后，依次选择【文件】→【新建】→【邮件账号】选项，如图 5-32 所示。

图 5-32　邮件 - 邮件客户端界面

③打开新建邮箱向导对话框，在【欢迎】选项卡中单击【前进】按钮，进行下一步配置，如图 5-33 所示。

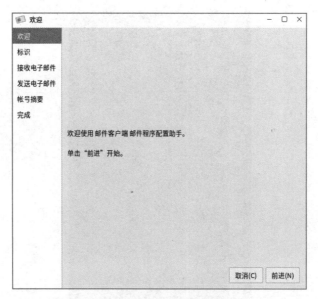

图 5-33 新建邮箱向导对话框

④如图 5-34 所示，在【标识】选项卡中，填写邮件账号全名及电子邮件地址，【根据输入的电子邮件地址搜寻邮件服务器详情】复选框可视情况勾选。勾选该复选框后，邮件客户端会尝试在互联网上寻找此邮箱服务器并自动添加配置，此功能一般在用户选择知名邮件服务供应商的情况下适用。

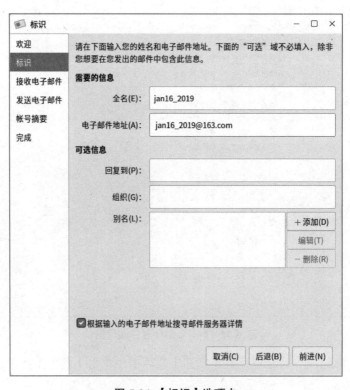

图 5-34 【标识】选项卡

⑤在【接收电子邮件】选项卡，选择【服务器类型】为【IMAP】，填写接收电子邮件的服务器地址和邮箱地址，如图 5-35 所示。

图 5-35　【接收电子邮件】选项卡

⑥在【接收选项】选项卡，保持默认配置或根据用户习惯进行个性化选项配置，如图 5-36 所示。

图 5-36　【接收选项】选项卡

⑦在【发送电子邮件】选项卡，【服务器类型】选项保持默认设置，填写发送电子邮件服务器的地址或域名，如图 5-37 所示。

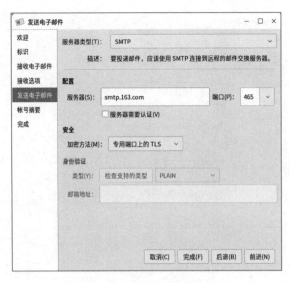

图 5-37 【发送电子邮件】选项卡

⑧在【账号摘要】选项卡，可检查当前配置信息是否正确，单击【后退】按钮即可返回上一步，若配置无误，单击【前进】按钮，如图 5-38 所示。

图 5-38 【账号摘要】选项卡

⑨在【完成】选项卡，单击【应用】按钮即可完成新建邮箱的配置，如图 5-39 所示。

图 5-39　【完成】选项卡

2）登录邮箱

①创建邮件账号后，系统弹出【邮件认证请求】对话框，输入用户名、密码及取消勾选【将该密码添加到您的密钥环】复选框，即可完成登录，如图 5-40 所示。

②邮件账号认证之后，返回邮件客户端界面，即可查看到新添加的账号在列表中且还处于未链接状态，如图 5-41 所示。

图 5-40　【邮件认证请求】对话框

图 5-41　认证账户成功

> **说明**：QQ 邮箱、网易邮箱（163.com 和 126.com）、新浪邮箱等需要在设置时开启 POP3/IMAP/exchange 等服务后才可以使用。开启服务后，服务端会产生授权码。在登录界面输入邮件账号和授权码即可登录邮箱。如果未开启相关服务，则会提示登录失败，单击【查看帮助】选项则可查看帮助信息。

2.邮箱设置

打开【邮件客户端 首选项】对话框，可进行邮件账号设置、联系人设置、邮件首选项设置、编写器首选项设置、网络首选项设置、日历和任务设置及证书设置。

①邮件账号设置。在邮件账号设置界面可以对当前账号进行编辑和删除，也可以添加新的邮件账号，如图 5-42 所示。

图 5-42　邮件账号设置界面

②联系人设置。在联系人设置界面，可以设置日期／时间格式，也可以选择自动补全功能，如图 5-43 所示。

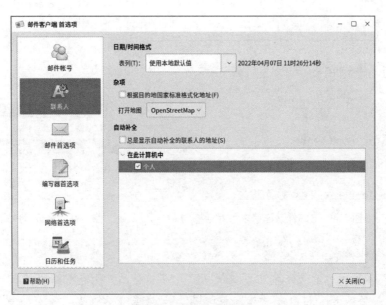

图 5-43　联系人设置界面

③邮件首选项设置。在邮件首选项设置界面有【常规】【HTML 信息】【标签】【信头】【垃圾箱】五个选项卡，可以自定义选项卡中的选项以对收到的邮件进行检查和过滤，如图 5-44 所示。

图 5-44　邮件首选项设置界面

④编写器首选项设置。在编写器首选项设置界面，可以设定编写器的默认行为、添加签名、拼写检查、针对特定操作进行请求确认和发送账号覆盖，如图 5-45 所示。

图 5-45　编写器首选项设置界面

⑤网络首选项设置。在网络首选项设置界面，可以设置检测在线状态的方法和设置默认代理，如图 5-46 所示。

图 5-46　网络首选项设置界面

⑥日历和任务设置。在日历和任务设置界面，可以指定时间和日期的格式、视图选项、任务列表、提醒、发布信息、会议邀请等，如图 5-47 所示。

图 5-47　日历和任务设置界面

⑦证书设置。在证书设置界面，可以导入和备份证书、添加可信任联系人证书、增加或删除证书颁发机构和信任特定的邮件服务器，如图 5-48 所示。

图 5-48　证书设置界面

3. 收发邮件

邮箱最基本的功能就是收发邮件，下面介绍在邮件客户端收发邮件的操作。

1）收邮件

①在邮件 - 邮件客户端界面，依次单击【文件】→【发送 / 接收】→【全部接收】，即可从服务器同步邮箱数据，包括邮件、联系人、日历等，系统默认每 15 分钟同步 1 次邮箱数据。

②如果只想接收某个账号的邮件，在邮件 - 邮件客户端界面左侧选中对应的账号，在工具栏中单击【发送 / 接收】图标，如图 5-49 所示；或者依次单击【文件】→【发送 / 接收】选项，对该账号的邮件接收进行手动更新。

图 5-49　对邮件接收进行手动更新

2）发邮件

①在邮件 - 邮件客户端界面，选中邮件账号，在工具栏单击 图标，打开【新建消息】对话框，如图 5-50 所示。

②在【收件人】后的文本框中输入收件人邮件账号，还可以选择抄送或密送。

③邮件正文支持富文本编辑，包括插入图片、链接等功能，还支持签名功能。

④编辑完成后，单击【发送】按钮即可发送邮件。

图 5-50 【新建消息】对话框

任务验证

使用邮件客户端发送一封邮件给朋友以验证邮箱设置是否正确，如图 5-51 所示。

图 5-51 发送邮件进行验证

任务 5–4　办公应用

任务规划

Jan16 公司员工在使用 Kylin 操作系统的过程中需要应用一些办公软件来协助工作。常用的办公软件有 WPS、微信、腾讯会议等。本任务的实施步骤如下。

（1）WPS 办公软件的安装与使用；

（2）微信通信软件的安装与使用。

任务实施

1.WPS 办公软件的安装与使用

WPS 是由金山软件股份有限公司自主研发的一款办公软件套装，包含 WPS 文字、WPS 表格、WPS 演示 3 个应用软件，可以实现文字处理、表格制作、幻灯片制作等功能。

1）通过软件包安装器安装

①在 WPS 官网下载对应的软件包，如图 5-52 所示，此处以 wps-office_11.1.0.10702_amd64.deb 为例。

②右键单击 WPS 软件包，在快捷菜单选择

图 5-52　WPS 软件包

【打开】选项，随后单击【一键安装】按钮，即可进行安装，如图 5-53 所示。

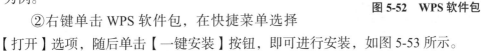

图 5-53　通过软件包安装器安装

2）通过命令行安装

①打开 WPS 软件包所在的文件夹，在空白处单击鼠标右键，在快捷菜单中选择【在终端中打开】选项，即可打开命令行窗口。

②在命令行窗口中输入安装命令 "sudo dpkg -i wps-office_11.1.0.10702_amd64.deb"，按【Enter】键后，输入当前用户的登录密码，即可进行安装，如图 5-54 所示。

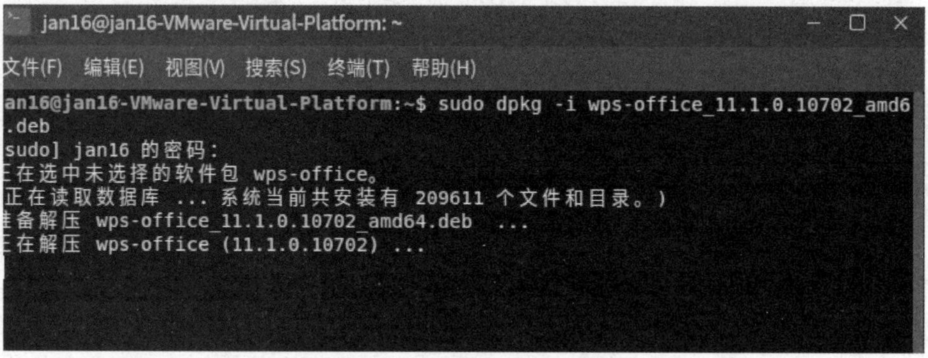

图 5-54　通过命令行安装 WPS

3）通过软件商店安装

①在开始菜单中，上下滚动鼠标滚轮查找 图标并单击，即可打开软件商店界面，如图 5-55 所示。

图 5-55　软件商店界面

注意：如果软件商店已经默认固定在任务栏上，用户就可以通过单击任务栏上的 图标打开软件商店界面。

②在软件商店界面上方的分类栏找到【全部分类】选项，单击该选项，随后在跳转的页面内单击【办公】选项，即可跳转到办公界面，如图 5-56 所示，或者通过软件商店的搜索功能找到【WPS Office】，单击【安装】按钮，即可开始下载并安装 WPS，如图 5-57 所示。

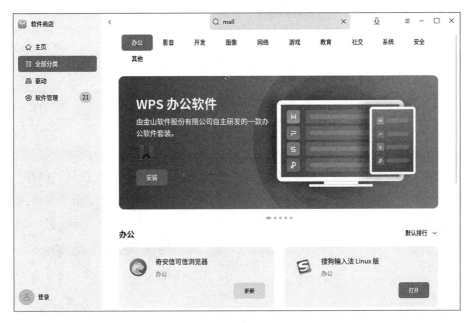

图 5-56　办公界面

图 5-57　下载并安装 WPS

③WPS 安装完成后，可以在开始菜单中看到【WPS 文字】【WPS 表格】【WPS 演示】选项，单击相应选项即可启动并使用对应的应用软件；或在桌面空白处单击鼠标右键，在弹出的快捷菜单的【新建】子菜单中根据情况选择对应的新建文档类型（WPS 文字文档、WPS 演示文稿、WPS 表格工作表），如图 5-58 所示。

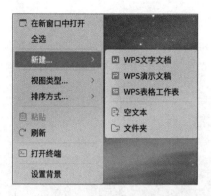

图 5-58 【新建】子菜单

4）WPS 的使用

WPS 中常用的功能在 Kylin 操作系统中均可以使用，包括新建、打开、保存、另存为及打印等，其使用方法与在 Windows 操作系统中的使用方法类似，如图 5-59 所示为新建的 WPS 文字文档界面。

图 5-59 新建的 WPS 文字文档界面

2. 微信通信软件的安装与使用

微信是由腾讯自主研发的一款为智能终端提供即时通信服务的应用程序，可以实现跨通信运营商、跨操作系统平台，通过网络快速发送免费（需消耗少量网络流量）语音、视频、图片和文字等信息。

1）通过软件商店安装

①打开软件商店界面。

②单击【软件】选项，在跳转后的页面内单击【社交】选项，即可跳转到社交界面，或者通过软件商店的搜索功能找到【微信（官方版）】，单击【安装】按钮，即可开始下载并安装，如图 5-60 所示。

图 5-60　下载并安装微信

2）微信的使用

微信中常用的功能在 Kylin 操作系统中均可以使用，包括聊天、文件传输等，其使用方法与在 Windows 操作系统中的使用方法类似。如图 5-61 所示为微信文件传输助手界面。

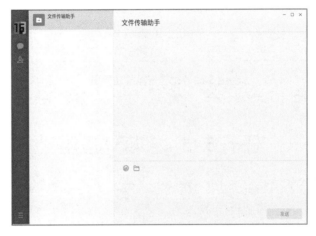

图 5-61　微信文件传输助手界面

🦋 **任务验证**

为了验证已安装的 WPS 和微信是否可以正常使用，需要进行以下操作。

①打开 WPS，新建一个文档，输入内容并保存，测试 WPS 能否正常使用，如图 5-62 所示。

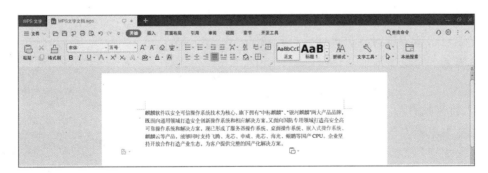

图 5-62　新建文档

②打开微信，利用文件传输助手传输文件，测试微信能否正常使用，文件传输成功界面如图 5-63 所示。

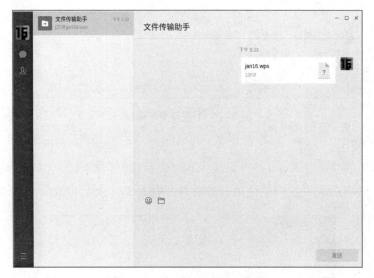

图 5-63　文件传输成功界面

任务 5-5　多媒体应用

任务规划

Jan16 公司员工在日常工作中需要使用一些多媒体应用软件来更好地处理相关事务。Kylin 操作系统内置的截图工具就可以满足员工日常办公需要。

任务实施

在截图时，截图工具既可以自动选定窗口，也可手动选择区域。在截图模式下，用户可以通过快捷键进行相关操作，打开快捷键预览界面，可以查看所有的快捷键，如图5-64 所示。

1）新建截图

①单击桌面左下角的开始菜单图标，打开开始菜单。

②上下滚动鼠标滚轮浏览或通过搜索找到截图选项，单击运行。

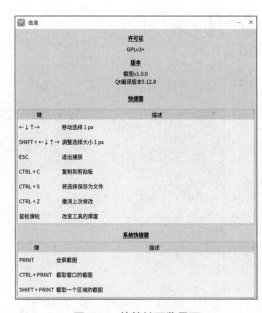

图 5-64　快捷键预览界面

> **注意**：如果截图工具已经默认固定在任务栏上，用户也可以单击任务栏上的截图图标◙运行截图工具。

2）选择截图区域

常用的三种截图区域：全屏、窗口和自选区域。在截图时选中对应的区域，在区域四周会出现白色边框，并且该区域会亮度显示。

> **注意**：当计算机多屏显示时，用户也可以使用截图工具截取不同屏幕上的区域。

全屏是识别当前显示器的整个屏幕，全屏截图的操作步骤如下。

①按下键盘上的【Print】键，进入全屏截图模式。

②将鼠标指针移至桌面，截图工具会自动选中整个屏幕，并在其右上角显示当前截图的保存信息。

③截图默认的保存路径为 /home/ 用户名 / 图片，打开图片文件夹后可查看相关截图，系统默认使用看图软件对截图进行展示。全屏截图示例如图 5-65 所示。

图 5-65 全屏截图示例

截取窗口时，系统会自动识别当前的应用窗口，其操作步骤如下：

①将鼠标指针移至打开的应用窗口上，随后按下【Ctrl】+【Print】快捷键，进入截图模式。

②截图工具会自动选中该窗口，并进行截图操作，随后对截取的图片进行保存。

③截图默认保存路径为 /home/ 用户名 / 图片，打开图片文件夹后可查看相关截图，系统默认使用看图软件对截图进行展示。截取窗口示例如图 5-66 所示。

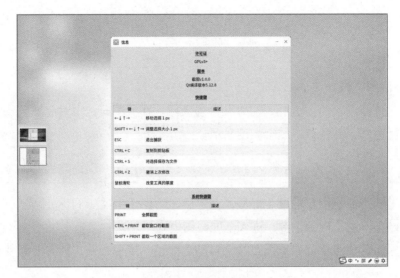

图 5-66　截取窗口示例

自选区域是通过拖动鼠标，自由选择截取的范围，其操作步骤如下：

①按【Shift】+【Print】快捷键，进入截图模式。

②按住鼠标左键不放，拖动鼠标选择截图区域，在其左上角将实时显示当前截图区域的尺寸大小。

③释放鼠标左键，完成截图，截图区域附近会弹出工具栏，如图 5-67 所示。

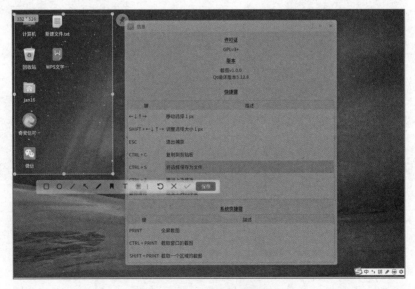

图 5-67　自选区域截图

④如果要退出截图，单击工具栏上的⊠图标或者按【Esc】键。

3）调整截图区域

用户可以对截图区域进行微调，如放大或缩小截取范围、移动截图等操作。

若要放大或缩小截图区域，则将鼠标指针置于截图区域的白色边框上，鼠标指针变为

↔时，用户可以进行以下操作。

①按住鼠标左键不放，然后通过拖动鼠标来放大或缩小截图区域。

②按【Shift】+【↑】快捷键或【Shift】+【↓】快捷键来上下扩展截图区域，按【Shift】+【←】快捷键或【Shift】+【→】快捷键来左右扩展截图区域。

若要移动截图位置，将鼠标指针置于截图区域上，鼠标指针变为🖑时，用户可以进行以下操作。

①按住鼠标左键不放，通过拖动鼠标移动截图区域的位置。

②按【↑】或【↓】键来上下移动截图区域，按【←】或【→】键来左右移动截图区域。

4）编辑截图

截图工具自带图片编辑功能，可进行图形标记、文字批注等操作，可以满足用户的日常图片处理需求。用户还可以给图片添加马赛克，保护用户隐私。

用户可以通过以下操作编辑截图。

①利用工具栏上的工具图标编辑截图。

②通过快捷键快速切换各个编辑工具。

用户可以在截取的图片中绘制一些简单的图形，如矩形、椭圆等，如图 5-68 所示为可以使用的编辑工具。

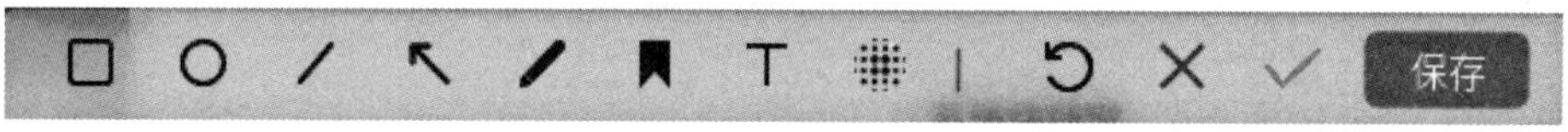

图 5-68　编辑工具

在截图区域绘制矩形、椭圆等图形的操作步骤类似，此处以绘制矩形为例进行介绍。

①选中截图区域后，在截图区域下方的工具栏中单击矩形图标▢。

②在工具栏展开面板中设置矩形边线的粗细、颜色。

③将鼠标指针置于截图区域，当鼠标指针变为"＋"时，按住鼠标左键不放，拖动鼠标以完成图形区域的绘制，效果如图 5-69 所示。

④如果截图中包含了个人隐私信息，可以单击工具栏展开面板中的模糊图标▦对截图进行模糊处理。

通过在截取的图片上添加文字批注的方式可以对截取的图片进行文字补充和说明，帮助他人更清楚地了解截取的图片，其操作步骤如下。

①在截图区域下方的工具栏中单击添加文字图标T，在工具栏展开面板中可调整批注字体的大小和颜色。

②将鼠标指针置于截取的图片上，此时鼠标指针变为Ⅰ。

③单击需要添加批注处，出现一个待输入的文本框，在文本框中输入文字，即可添加文字，如图 5-70 所示。

图 5-69　绘制矩形

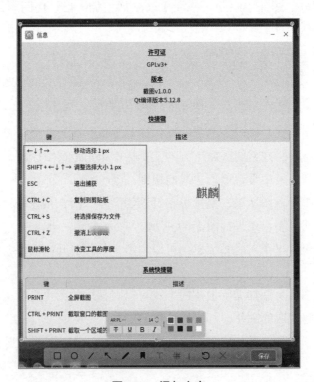

图 5-70　添加文字

5）保存截图

将截取的图片保存下来，为后续的使用储存素材。保存截图的方式有以下几种：

①按下【Ctrl】+【S】快捷键。
②在截图下方的工具栏中单击【保存】按钮。

 任务验证

使用截图工具对截图绘制矩形并添加文字，然后保存、查看截图，如图 5-71 所示。

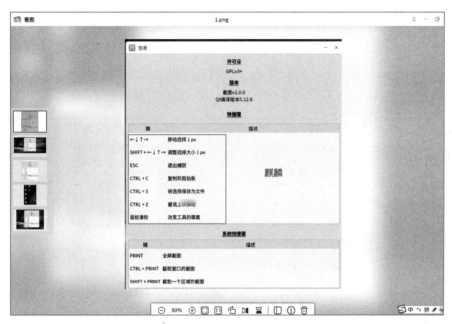

图 5-71　保存的截图

任务 5–6　系统安全应用

系统安全
应用

 任务规划

Jan16 公司员工计算机中保存着大量的工作文件和个人文件，为了防止病毒程序损坏这些文件，需要在员工计算机中安装 360 杀毒软件。这里以 360 终端安全防护系统为例进行介绍。

 任务实施

360 终端安全防护系统是 360 安全中心出品的一款免费的云安全杀毒软件。它创新性地整合了五大领先查杀引擎。360 终端安全防护系统具有查杀率高、资源占用少、升级迅速等优点。该软件可以快速、全面地诊断系统的安全状况和健康程度，并进行精准修复，给用户带来安全、专业、有效、新颖的病毒查杀防护体验。

1）通过软件商店安装

①打开软件商店界面。

> **注意**：如果软件商店已经默认固定在任务栏上，用户也可以单击任务栏上的软件商店▨图标打开软件商店界面。

②单击【主页】选项，随后在跳转的页面的搜索框中输入【360】，在搜索结果中选择【360 终端安全防护系统 V10.0】，单击【安装】按钮，即可开始下载并安装，如图 5-72 所示。

图 5-72 下载并安装 360 终端安全防护系统

2）360 终端安全防护系统的使用

360 终端安全防护系统中常用的功能在 Kylin 操作系统中均可以使用，包括快速扫描、全盘扫描、自定义扫描等，其使用方法与在 Windows 操作系统中的使用方法类似。如图 5-73 所示为 360 终端安全防护系统界面。

图 5-73　360 终端安全防护系统界面

🦋 任务验证

使用360终端安全防护系统对员工计算机进行快速扫描，以测试该系统能否正常使用，如图 5-74 所示。

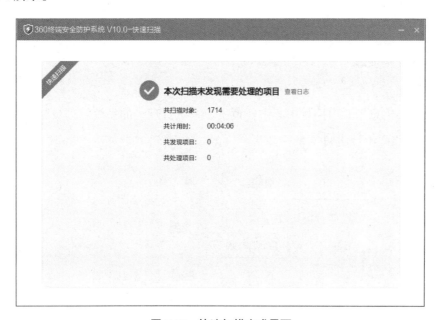

图 5-74　快速扫描完成界面

练 习 与 实 践 5

一、理论习题

1. 选择题

（1）下面哪条命令可以彻底卸载软件包？（   ）

A. apt-get install <package>　　　　　　　B. apt-get remove <package> -purge

C. apt-get remove <package>　　　　　　　D. apt-get upgrade

（2）（多选）Kylin 操作系统自带的截图工具可以对截取的图片进行哪些操作？（   ）

A. 绘制矩形　　　　　　B. 绘制椭圆　　　　　　C. 绘制三角形

D. 添加文字　　　　　　E. 绘制线条　　　　　　F. 保存到指定位置

2. 填空题

（1）默认程序可以通过 _____ 和 _____ 两种方法进行更改。

（2）通过快捷键来操作截图工具，省时省力。在截图模式下，_____ 快捷键可以打开快捷键预览界面，查看所有快捷键。

（3）按下键盘上的 _____ 键可以快速进入截图模式。

3. 简答题

（1）简述手动配置软件源的步骤。

（2）安装 WPS 可以通过哪几种方式？

（3）全屏截图可以通过哪几种方式？

（4）保存截图有哪几种方式？

二、项目实训题

1. 项目背景

Jan16 公司信息中心由信息中心主任黄工、系统管理组的系统管理员赵工和宋工 3 位工程师组成，组织架构图如图 5-75 所示。

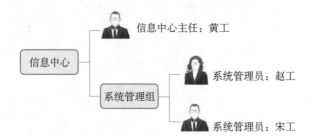

图 5-75　Jan16 公司信息中心组织架构图

Jan16 公司信息中心办公网络拓扑如图 5-76 示，PC1、PC2、PC3 均采用国产鲲鹏主机，已经安装 Kylin 操作系统并完成了网络配置。

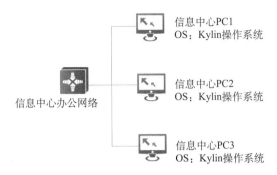

图 5-76　Jan16 公司信息中心办公网络拓扑

　　为了能更好地进行日常办公，员工办公使用的 Kylin 操作系统中通常都安装有一些办公软件。员工熟悉各个应用程序的使用方法，工作起来会更加得心应手。所以让员工能熟练下载、安装及设置应用程序就很必要了。项目实训规划表见表 5-2。

表 5-2　项目实训规划表

任务目的	任务步骤
一、熟悉软件商店程序	下载并安装企业微信、360 终端安全防护系统
二、熟悉设置默认程序	将相册作为图片文件的默认打开程序 将 WPS 设置为文本文件的默认打开程序
三、熟练操作企业微信	新建文本文档 Kylin.txt，输入一些内容，然后通过企业微信传输到文件传输助手
四、熟练操作截图工具	对桌面进行全屏截图，并添加一个椭圆形和一段文字批注——麒麟 Kylin，保存到桌面
五、保护系统文件安全	使用 360 终端安全防护系统对计算机进行全盘扫描

2. 项目要求

　　（1）根据项目实训规划表，完成第一个任务并截取软件商店界面；

　　（2）根据项目实训规划表，完成第二个任务并截取文本文件的默认程序列表的截图；

　　（3）根据项目实训规划表，完成第三个任务并截取利用企业微信文件传输助手发送 Kylin.txt 成功的截图；

　　（4）根据项目实训规划表，完成第四个任务并截取保存好的桌面图片；

　　（5）根据项目实训规划表，完成第五个任务并截取计算机全盘扫描完成界面的截图。

项目6　Jan16公司办公电脑硬件设备管理

 项目目标

知识目标：

（1）了解磁盘的类型；

（2）了解磁盘管理的方法。

能力目标：

（1）能进行磁盘的日常管理；

（2）能进行磁盘的分区和数据管理；

（3）能设置打印机、鼠标等外部设备。

素质目标：

（1）通过分析国产自主可控软硬件研发案例，树立职业荣誉感、爱国意识；

（2）通过 Kylin 与 Windows 操作系统功能对比分析，激发创新和创造意识；

（3）树立网络安全、信息安全意识。

项目描述

Jan16公司信息中心由信息中心主任黄工、系统管理组的系统管理员赵工和宋工3位工程师组成，组织架构图如图6-1所示。

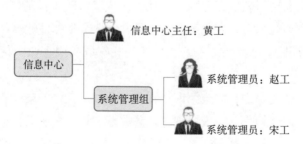

图6-1　Jan16公司信息中心组织架构图

Jan16公司信息中心办公网络拓扑如图6-2所示，PC1、PC2、PC3均采用国产鲲鹏主机，且已经安装Kylin操作系统并完成了相关配置。

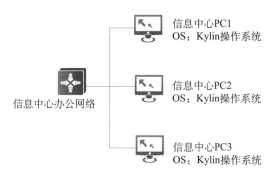

图 6-2　Jan 公司信息中心办公网络拓扑

为了能更好地进行日常办公，PC1、PC2、PC3 均需进行磁盘管理和外部设备的配置，主要包括磁盘的日常管理和分区管理，以及对打印机、扫描仪等外部设备进行管理。

 项目分析

Kylin 是一个多用户多任务操作系统，通过管理磁盘数据和各种外部设备，可以更好地使用计算机进行日常办公，因此需要系统管理员熟悉磁盘管理的方法，会熟练管理各种外部设备。本项目涉及以下工作任务。

（1）磁盘管理；

（2）外设管理。

相关知识

6.1　磁盘类型

磁盘的分类有多种方式，按照磁盘材质的不同可以分为机械硬盘和固态硬盘，按照接口类型的不同可以分为 IDE、SCSI、SATA、SAS、FC 型硬盘。磁盘分类见图 6-3，磁盘接口类型及说明见表 6-1。

图 6-3　磁盘分类

表 6-1　磁盘接口类型及说明

磁盘接口类型	说明
IDE（Integrated Device Electronics，电子集成驱动器）	最初硬盘的通用标准，任何电子集成驱动器都属于 IDE，甚至包括 SCSI
SATA（Serial-ATA，串行 ATA）	SATA 的出现将 ATA 和 IDE 区分开来，而 IDE 则属于 Parallel-ATA（并行 ATA）。所以，一般来说，IDE 称为并口，SATA 称为串口
SCSI（Small Computer System Interface，小型计算机系统接口）	SCSI 硬盘就是采用 SCSI 接口的硬盘。SAS（Serial Attached SCSI）就是串口的 SCSI 接口。一般来说，服务器硬盘采用这两类接口，其性能比上述两种硬盘要好，稳定性更强，支持热插拔，但是价格高、容量小、噪声大
FC（Fibre Channel）	光纤通道能够直接作为硬盘连接接口，为高吞吐量性能密集型系统的设计者开辟了一条提高 I/O 性能的途径

6.2　磁盘分区

可以将硬盘驱动器划分为多个逻辑存储单元，这些逻辑存储单元被称为分区。通过将磁盘划分为多个分区，系统管理员可以使用不同的分区执行不同功能。

磁盘分区的好处：

①限制应用或用户的可用空间。

②允许从同一硬盘进行不同操作系统的多重启动。

③将操作系统和程序文件与用户文件分隔。

④创建用于操作系统虚拟内存交换的单独区域。

⑤限制硬盘空间的使用以提高诊断工具和备份映像的性能。

6.3　MBR 磁盘分区

MBR 磁盘分区包括主分区和扩展分区。一个硬盘只有一个扩展分区，除了主分区，其他空间都分配给扩展分区。

硬盘容量＝主分区容量＋扩展分区容量，扩展分区容量＝各个逻辑分区容量之和，如图 6-4 所示。

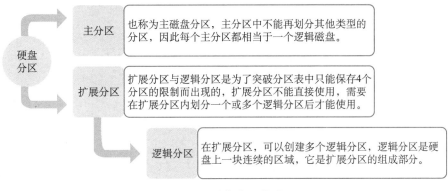

图 6-4　磁盘分区类型

6.4　GPT 磁盘分区

　　GPT，全称 GUID 磁盘分区表（GUID Partition Table）。与旧的 MBR 分区表不同，GPT 分区表使用 GUID（Globally Unique Identifier）来标识分区，这使得 GPT 支持更大的硬盘容量和更多的分区。GPT 自纠错能力强，一块磁盘上主分区数量不受限制，可以支持大于 2TB 的总容量及分区，分区数量理论上几乎没有上限，最大可以支持 128 个分区，分区大小最大为 256TB。

　　GPT 分区表中的每个分区项都有一个唯一的 GUID，这个 GUID 可以用于标识分区，而不像 MBR 分区表使用固定的分区类型来标识分区。GPT 分区类型中包括 EFI 系统分区、Microsoft 基本数据分区等保留类型。

　　GPT 通常需要启动纯 UEFI 系统，而 MBR 只能启动传统 BIOS 系统。GPT 保留多个分区表，较 MBR 更容易恢复数据或修复磁盘。GPT 支持备份和恢复磁盘分区信息，而 MBR 的备份只是存储在 MBR 空间中的一份简略的备份。

　　随着技术的发展和操作系统的更新，GPT 分区逐渐成为了主流，特别是在大容量硬盘或需要更多分区的场景中，GPT 分区是一个更好的选择。同时，GPT 分区也能够与 Linux 的 LVM（Logical Volume Manager）技术结合，为用户提供更灵活的存储空间管理功能。

6.5　磁盘分区命名规则

　　在 Kylin 操作系统中，没有盘符的概念，用户通过设备名来访问设备，设备名存放在/dev 目录下。磁盘分区命名规则如图 6-5 所示。

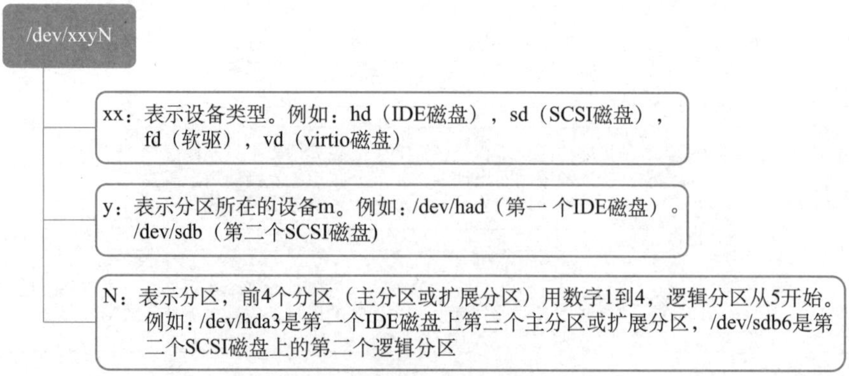

图 6-5 磁盘分区命名规则

> 注：Linux 中，SSD、SAS、SATA 类型的硬盘，都用 sd 标识，IDE 硬盘属于 IDE
> 接口类型的硬盘，用 hd 标识。

6.6 磁盘分区格式化

格式化是指对磁盘或磁盘中的分区进行初始化的一种操作，将分区格式化成不同的文件系统通常会导致现有的磁盘或分区中所有的文件被清除。

6.7 磁盘挂载

与 Windows 操作系统目录树不同的是，Linux 操作系统并没有采用盘符来区分磁盘分区。此外，Linux 操作系统中有独特的文件系统结构层次和挂载点等概念。

挂载点是 Linux 操作系统中的磁盘文件系统的入口目录，根（root）目录是 Linux 操作系统中的第一层，用"/"表示。在文件层次结构标准中，所有的文件和目录都出现在根目录"/"下，即使它们存储在不同的物理设备中。常见的挂载点与说明见表 6-2。

表 6-2 常见的挂载点与说明

挂载点	说明
/	根目录是 Linux 操作系统中唯一必须挂载的目录，也是 Linux 操作系统最顶层的目录，是文件系统的根
/boot	存放与系统启动相关的程序
/home	用户目录，存放普通用户的数据

续表

挂载点	说明
/tmp	存放临时数据
/usr	应用程序所在目录，一般情况下计算机上的应用软件都安装在这个目录下
/etc	各种配置文件所在的目录
/var	用于存放日志文件或磁盘读写率比较高的文件

格式化完成以后，用户还不能使用磁盘，必须挂载以后才能使用，原因如下：

在 Linux 操作系统中，要想使用磁盘，必须先建立一个联系，这个联系就是目录，建立联系的过程叫作挂载。

当访问 sdb2 下的目录时，实际上访问的是 sdb2 设备文件。因此，这个目录相当于提供一个访问 sdb2 的入口，可以把目录理解为一个接口，有了这个接口才可以访问磁盘。

任务 6-1　磁盘管理

磁盘管理

 任务规划

分区编辑器是一款管理磁盘的工具，可帮助用户进行磁盘的基本管理、磁盘的分区管理、磁盘的数据管理。

 任务实施

1. 磁盘的基本管理

1）运行磁盘管理器

①单击任务栏上的开始菜单图标，在开始菜单中，通过上下滚动鼠标滚轮浏览或通过搜索找到【分区编辑器】选项，如图 6-6 所示。

②单击【分区编辑器】选项，系统弹出【授权】对话框，需要输入当前系统管理员登录密码进行认证，如图 6-7 所示。授权后系统弹出分区编辑器界面，如图 6-8 所示。

图 6-6　开始菜单

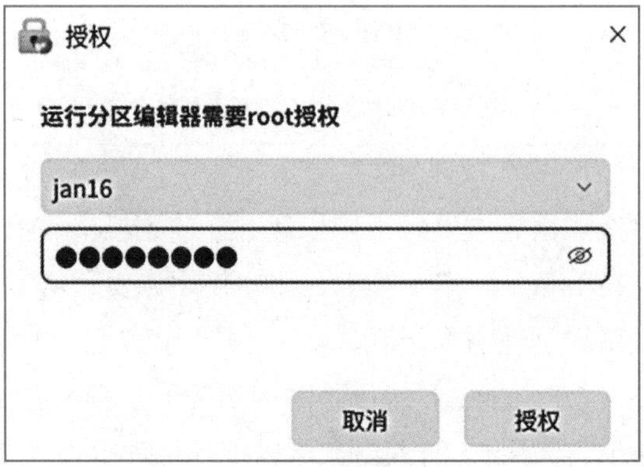

图 6-7　【授权】对话框

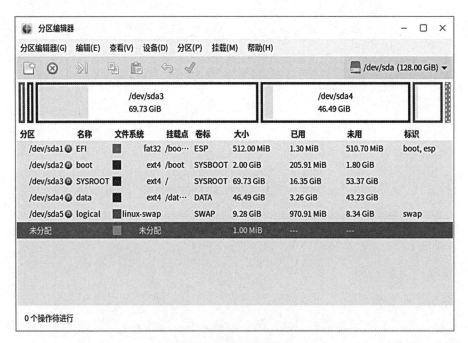

图 6-8　分区编辑器界面

2）关闭分区编辑器

关闭分区编辑器包括三种方法。

①在分区编辑器界面，单击【×】按钮，退出分区编辑器。

②右击任务栏上的分区编辑器图标，在快捷菜单中选择

【退出】选项，退出分区编辑器，如图 6-9 所示。

图 6-9　分区编辑器快捷菜单

③在分区编辑器界面单击【分区编辑器】→【退出】
选项，退出分区编辑器，如图 6-10 所示。

3）查看磁盘信息

①在分区编辑器界面，单击【查看】→【设备信息】
选项，系统弹出设备信息界面，如图 6-11 所示。

图 6-10　分区编辑器菜单

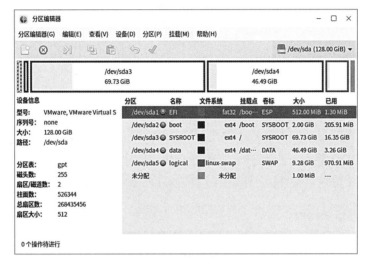

图 6-11　设备信息界面

②在打开的设备信息界面，双击对应的磁盘分区，或者右击选中的磁盘分区，在弹
出的快捷菜单中选择【信息】选项，即可查看分区的文件系统、大小及路径等信息，以 /
dev/sda1 为例，如图 6-12 所示。

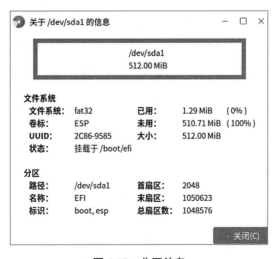

图 6-12　分区信息

③如果有多个设备，依次单击【分区编辑器】→【设备】选项，更换查看的设备，如
图 6-13 所示。

图 6-13　更换设备（分区）

2.磁盘的分区管理

1）新建分区

①在分区编辑器界面的工具栏中单击分区按钮。

②进入分区操作界面，可查看【之前的空余空间】【新大小】【之后的空余空间】【对齐到】【创建为】【分区名称】【文件系统】【卷标】等参数项的信息，如图 6-14 所示。

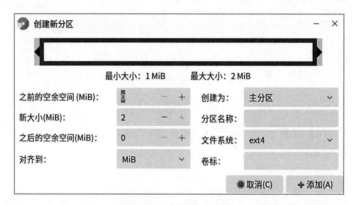

图 6-14　分区操作界面

③对相关参数项进行重新设置，然后单击【添加】按钮，完成分区的创建。可新建多个分区，在分区编辑器界面上部的磁盘条形图中会分段显示每个分区及其名称。

④分区参数设置完成后，依次单击【编辑】→【应用全部操作】选项，在系统弹出的确认对话框中单击【应用】按钮，系统才会执行分区操作，新建的分区会显示在对应磁盘下，如图 6-15 所示。

> **注意：** 在分区初始化完成并挂载使用后，分区默认的属主和属组都是 root 用户，非root 用户想要使用该磁盘，需要得到 root 用户的授权。

⑤完成新建分区后，可以右击该分区，在弹出的快捷菜单中选择【删除】选项，即可删除分区。

⑥在新建分区的过程中会自动格式化该分区。若要正常使用新建分区，还需要手动挂载（若设置了【卷标】参数项，则系统会自动进行挂载）。

图 6-15 创建分区

2）空间调整

若分区空间太大或太小，则可以对其进行调整，前提是选中的分区处于卸载状态。调整的步骤如下。

①在分区编辑器界面，选中卸载状态的分区，依次单击【分区】→【更改大小/移动】选项。

②系统弹出空间调整对话框，输入需要扩容的大小，并单击【调整大小/移动】按钮即可。

③扩容完成后，可查看分区的总容量。

3. 磁盘的数据管理

1）分区格式化

格式化主要是在更改分区格式时使用的。格式化分区后，将会删除该分区存储在磁盘上的所有数据，且无法撤销，请谨慎操作。

使用前提：选中的分区为空闲分区，且处于卸载状态。分区格式化的操作步骤如下：

在分区编辑器界面，选中一个分区，右键单击该分区，在系统弹出的快捷菜单中选择【格式化为】选项，如图 6-16 所示，在系统弹出的格式化操作对话框中选择格式化后文件系统的类型。

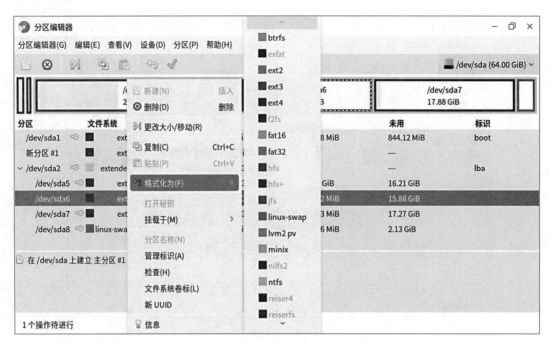

图 6-16　格式化

2）分区挂载

在分区编辑器界面，右击未挂载的分区，在快捷菜单内选择【挂载于】选项，单击挂载点目录【/backup】，完成对分区的挂载，如图 6-17 所示。

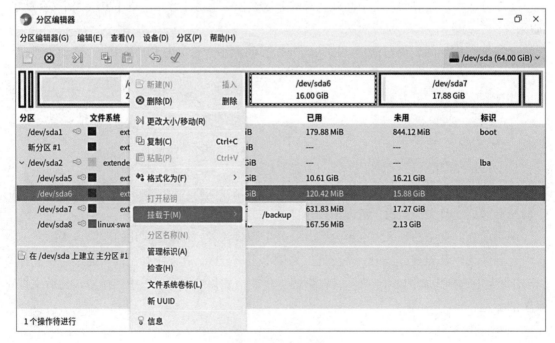

图 6-17　分区挂载

> **注意：** 如计算机内还有单独的硬盘，在创建分区时没有设置【卷标】参数项，则此分区不会自动进行挂载，需要单独创建挂载点并使用 mount 命令或在 /etc/fstab 文件内写入磁盘信息后，分区才能被挂载使用。

3）卸载分区

若要修改分区的挂载点，可先卸载，再重新挂载。分区卸载的操作步骤如下：在分区编辑器界面，选中一个分区，确定此分区无正在运行的程序（处于空闲状态），随后单击【分区】选项，在弹出的快捷菜单中单击【卸载】选项即可。

4）删除分区

删除分区后，该分区中的所有文件都会丢失，请谨慎操作。

使用前提：选中的分区处于卸载状态。删除分区的操作步骤如下：在分区编辑器界面，选中一个分区，单击鼠标右键，在弹出的快捷菜单中选择【删除】选项后，需要单击工具栏上的 ☑ 图标，确认此次操作，随后系统弹出确认对话框，单击【应用】按钮，该分区从对应磁盘中删除。

任务验证

在 Jan16 公司办公电脑上打开分区编辑器界面，查看磁盘数据和磁盘分区情况，如图 6-18 所示。

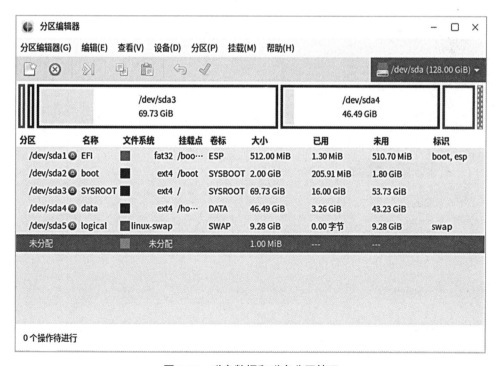

图 6-18　磁盘数据和磁盘分区情况

任务 6-2 外设管理

 **任务规划**

外设管理

Jan16 公司员工的计算机通常需要连接一些外部设备（简称"外设"）来协助办公，常用的外设有打印机、扫描仪、U 盘、蓝牙鼠标等。此任务的目的是帮助员工更好地管理这些外部设设备。本任务可细分为以下实施环节。

（1）打印机的管理；

（2）扫描仪的管理；

（3）U 盘的管理；

（4）蓝牙鼠标的管理。

任务实施

1. 打印机的管理

打印管理器是一款基于 CUPS 的打印机管理工具，可同时管理多台打印机。其界面为可视化界面，操作简单，可方便用户快速添加打印机及安装驱动。

1）运行打印管理器

单击任务栏上的设置按钮，进入设置主界面，依次单击【设备】→【打印机】选项，进入打印管理器界面，如图 6-19 所示。

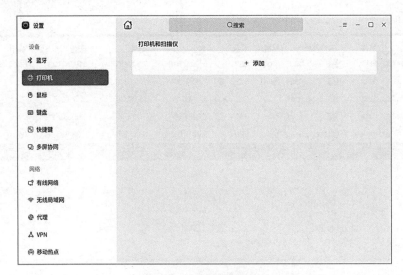

图 6-19 打印管理器界面

2）关闭打印管理器

关闭打印管理器有以下两种方法。

①在打印管理器界面，单击【 × 】按钮，退出打印管理器。

②在打印管理器界面单击【 ≡ 】按钮，在弹出的菜单中选择【退出】选项，退出打印管理器，如图 6-20 所示。

图 6-20　 ≡ 菜单

3）手动添加打印机

在打印管理器界面，单击【+添加】按钮，进入打印机 -localhost 界面，如图 6-21 所示。单击【+添加】按钮，进入新打印机界面，该界面中提供了【Generic CUPS-BRF】【Generic CUPS-PDF】【串口 #1】【输入 URI】【网络打印机】五种方式用以添加打印机，如图 6-22 所示。

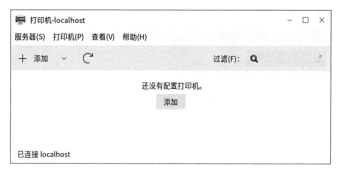

图 6-21　打印机 - localhost 界面

图 6-22　添加打印机的五种方式

（1）添加网络打印机的操作

①在新打印机界面依次单击【网络打印机】→【查找网络打印机】选项，输入打印机的 IP，单击【查找】按钮，会加载出打印机列表。

②选择对应的网络打印机后单击【前进】按钮，如图 6-23 所示。

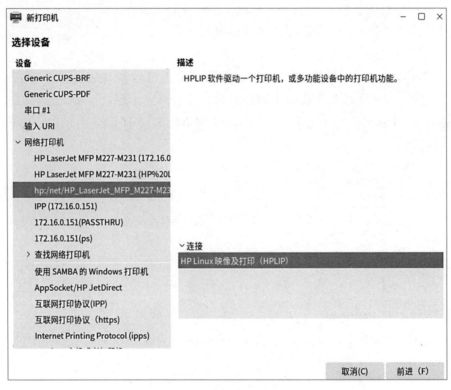

图 6-23 选择网络打印机

③在选择驱动程序界面中选择打印机的型号、驱动程序、可安装选项，如图 6-24 所示，单击【前进】按钮。

驱动程序的来源有三种，下面进行具体介绍。

● 从数据库中选择打印机：在下拉列表中选择厂商及型号，查询本地驱动。

● 提供 PPD 文件：单击文件夹图标，在本地文件夹中查找 PPD 文件。

> **说明：** 使用本地 PPD 文件安装驱动程序的前提是用户必须在本地安装了驱动程序，否则，会提示驱动程序安装失败。

● 搜索要下载的打印机驱动程序：输入精确的厂商和型号后，系统会在后台的驱动库中搜索，搜索结果会显示在下拉列表中。

④在描述打印机界面，设置打印机名称、描述和位置，单击【应用】按钮，完成驱动程序安装及添加完打印机之后，可以根据需要对打印机的信息进行修改，如图 6-25 所示。

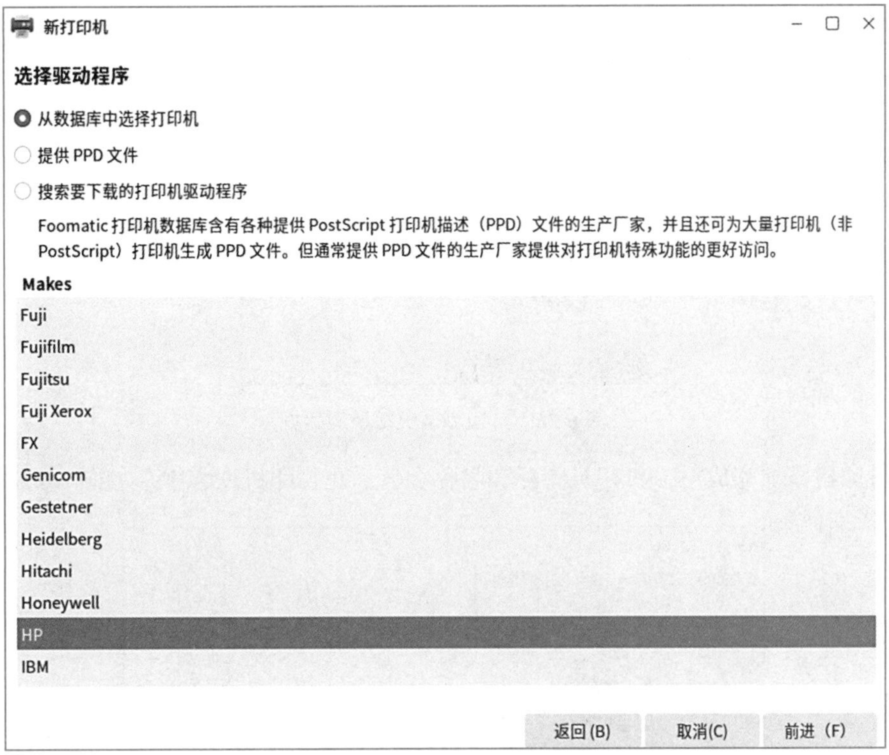

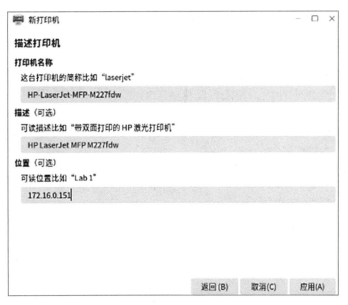

图 6-24　选择驱动程序

图 6-25　打印机信息修改

说明：如果使用 samba 协议，在查找打印机时，会弹出用户名、密码和群组输入框。其中群组默认为当前用户域，如果没有，则默认为 workgroup。

⑤单击【应用】按钮后，系统弹出打印测试页提示对话框，如图 6-26 所示，用户可以单击【打印测试页】按钮查看是否可以正常打印。

如果测试页打印成功，可进行其他打印任务。如果测试页打印失败，选择重新安装或进行故障排查。

图 6-26 打印测试页提示对话框

⑥打印机添加完成后，打印机图标和名称会显示在打印机列表中，如图 6-27 所示。

图 6-27 打印机列表

（2）URI 查找的操作

①在自动查找和手动查找都不能查询到打印机时，可通过 URI 查找并安装驱动程序。

②单击【输入 URI】选项，输入打印机的 URI，如图 6-28 所示。

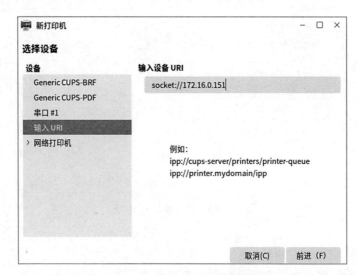

图 6-28 输入打印机的 URI

③查找到打印机后，系统跳转至选择驱动程序界面，用户选择对应的驱动程序，打印机添加成功后会在打印机列表中显示，如图 6-29 所示。

图 6-29　打印机添加成功

4）打印管理

右键单击选中的打印机，在快捷菜单中选择【属性】选项，系统弹出打印机属性界面，该界面中有【设置】【策略】【访问控制】【可安装选项】【打印机选项】【任务选项】【墨水 / 墨粉级别】七个选项，如图 6-30 所示。

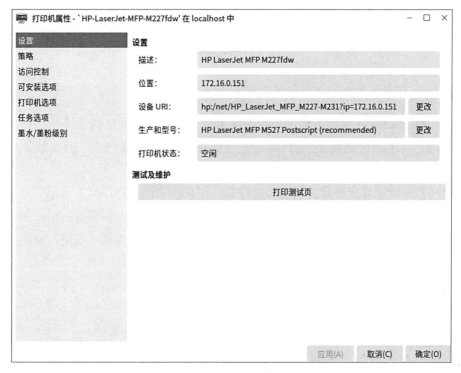

图 6-30　打印机属性界面

在打印机属性界面，单击【打印机选项】选项，系统跳转到打印设置列表界面，如图

6-31所示。用户可根据实际打印需要进行设置，如纸张大小可以选择A4、A5、B5、A3及明信片等，打印方向可以选择纵向、横向或反横向等。

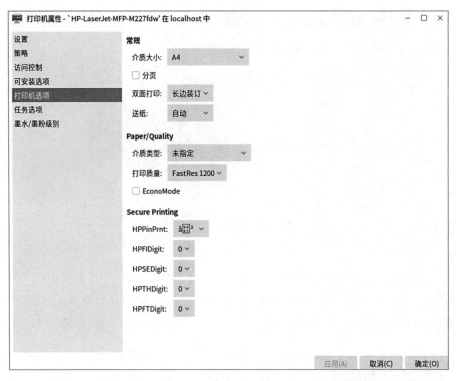

图6-31　打印设置列表界面

> 说明：打印机属性列表与打印机型号及驱动程序相关联，请以实际情况为准。

在打印机 -localhost 界面，单击【打印机】→【查看打印机队列】选项，打开文档打印状态界面，可选择全部列表、打印队列、已完成列表和刷新列表，系统默认选择打印队列。

①文档打印状态界面显示的内容包括任务、用户、文档、打印机、大小、提交时间及状态，如图 6-32 所示。

②选择一个打印任务后，右键单击，在快捷菜单中选择相关选项可进行取消打印、删除任务、暂停打印、恢复打印、优先打印、重新打印等操作。

图6-32　文档打印状态界面

在打印机 -localhost 界面，选中打印机，右键单击，通过弹出的快捷菜单可设置打印机是否共享、是否启用、是否接受任务、是否设为默认打印机等，如图 6-33 所示。

图 6-33　打印机快捷菜单

5）删除打印机

在打印机 -localhost 界面，右键单击选中的打印机，在快捷菜单中选择【删除】选项，随后在弹出的对话框内进行删除确认，如图 6-34 所示。

图 6-34　删除打印机

2. 扫描仪的管理

扫描管理器是一款管理扫描设备的工具，可同时管理多个扫描设备。其界面为可视化界面，操作简单，可以帮助用户提高扫描的效率、扫描的质量及节省存储空间。

1）运行扫描管理器

①单击任务栏上的开始菜单图标，打开开始菜单。

②上下滚动鼠标滚轮浏览或通过搜索，找到扫描 图标并单击该图标，运行扫描管理器。

> **说明：** 在开始菜单中，鼠标右键单击扫描管理器图标，弹出快捷菜单。
>
> 选择【添加到桌面快捷方式】选项，可以在桌面创建扫描管理器快捷方式；
>
> 选择【固定到任务栏】选项，可以将扫描管理器应用程序固定到任务栏；
>
> 选择【卸载】选项，可以移除该应用程序。

2）关闭扫描管理器

关闭扫描管理器有如下三种方法。

①在扫描管理器界面单击 按钮，退出扫描管理器。

②右键单击任务栏上的扫描管理器图标，在快捷方式菜单中选择【关闭】选项，退出扫描管理器，如图 6-35 所示。

图 6-35　扫描管理器快捷菜单

③在扫描管理器界面单击 按钮，在弹出的菜单中选择【退出】选项，退出扫描管理器，如图 6-36 所示。

3）扫描管理器的基本操作

将扫描设备与计算机连接，并打开扫描设备的开关。

在扫描管理器界面，单击【扫描】按钮，左侧的【设备】

图 6-36　退出扫描管理器

选项会显示与当前计算机连接的所有扫描设备，选择相应的设备，如扫描仪等。如果没有显示对应的设备列表，则需要安装驱动程序，如图 6-37 所示。

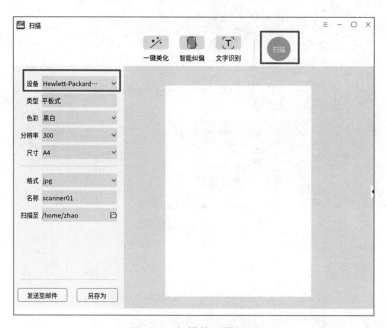

图 6-37　扫描管理器界面

4）设置扫描仪

①选择扫描仪后，在扫描管理器界面左侧可设置扫描参数，包括色彩、分辨率、尺寸、格式等，如图6-38所示。

图6-38　设置扫描参数

②完成设置后，单击【开始】按钮，进入扫描界面。

③扫描结束后，在扫描界面上可以看到扫描完的图片。

5）图片处理

①扫描完成的所有图片，会根据默认定义的存放位置（/home/当前用户）进行图片存储，用户也可以将图片另存在其他位置。对扫描完的图片可以单击左侧【发送至邮件】按钮进行发送，如果图片较多可以先合并为PDF文件，再通过邮件发出。

②在扫描界面会显示当前扫描的图片，在图片的右侧可看到一个小箭头，单击该小箭头，出现裁剪、旋转、对称翻转及添加水印四个功能图标，如图6-39所示。

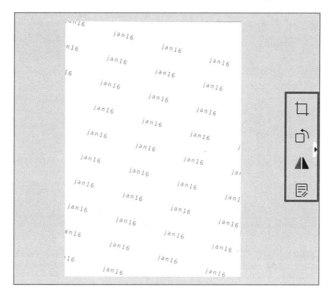

图6-39　扫描图片显示

3. U 盘的管理

1）查看 U 盘内的文件

①插入 U 盘后，单击任务栏上的开始菜单图标，打开开始菜单。

②上下滚动鼠标滚轮浏览或通过搜索找到文件管理器图标并单击，或者在任务栏上单击文件管理器图标，打开文件管理器界面，即可看到插入的 U 盘，如图 6-40 所示。

图 6-40　文件管理器界面

> 如果文件管理器已经默认固定在任务栏或桌面上，用户也可以单击任务栏或桌面上的文件管理器图标 来运行文件管理器。

③双击 U 盘图标即可查看 U 盘内的内容。

2）移除 U 盘

①在文件管理器界面右击需要移除的 U 盘，弹出快捷菜单，如图 6-41 所示。

图 6-41　U 盘快捷菜单

②选择【弹出】选项，U 盘将从磁盘列表中删除。

> **说明**：单击桌面下方导航栏中的 图标，在弹出的小窗口中单击 图标，同样可以移除 U 盘。

3）格式化 U 盘

①在文件管理器界面左侧导航栏，右键单击需要格式化的 U 盘。

②在快捷菜单中选择【卸载】选项，然后再次右击需要格式化的 U 盘，在快捷菜单中选择【格式化】选项，如图 6-42 所示。

图 6-42　格式化 U 盘

③在系统弹出的【格式化】对话框中设置格式化后的文件类型和设备名称后，如图 6-43 所示，单击【确定】按钮，开始格式化 U 盘，等待完成即可。

> 说明：虽然直接格式化的速度快，但是数据仍然可以通过工具被恢复，如果想要格式化后的数据无法被恢复，可以先勾选【完全擦除（时间较长，请确认！）】复选框，然后执行格式化操作。

图 6-43　格式化设置

4. 蓝牙鼠标的管理

蓝牙能够实现短距离的无线通信。通过蓝牙与附近的其他蓝牙设备连接，无须网络或连接线。常见的蓝牙设备包括蓝牙键盘、蓝牙鼠标、蓝牙耳机、蓝牙音响等。

1）修改蓝牙名称

①单击任务栏上的开始菜单图标，打开开始菜单。

②上下滚动鼠标滚轮浏览或通过搜索找到设置图标，单击该图标进入设置界面。

③依次单击【设备】→【蓝牙】选项。

④在蓝牙界面可查看相关的蓝牙设备。

说明：①如果蓝牙图标已经固定在下方导航栏内，用户可以通过单击导航栏上的蓝牙图标使其运行。

②大多数笔记本电脑都配备了蓝牙模块，用户只需要开启蓝牙开关即可进行设备间的连接；而大部分台式计算机都没有配备蓝牙模块，用户需要单独购买蓝牙适配器，插入到计算机的 USB 端口中使用。

2）连接蓝牙鼠标

①在设置界面，依次单击【设备】→【蓝牙】选项，进入蓝牙界面。

②开启蓝牙后，系统将自动扫描附近的蓝牙设备，并显示在蓝牙设备列表中，如图 6-44 所示。

图 6-44　蓝牙界面

③单击要连接的蓝牙设备，输入蓝牙配对码（若需要），配对成功后将自动连接，如图 6-45 所示。

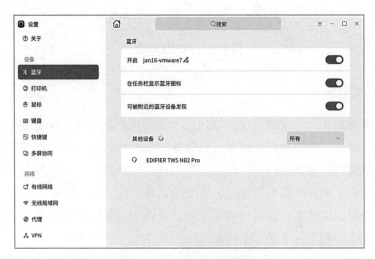

图 6-45　连接蓝牙设备

④连接成功后，蓝牙设备会添加到【我的设备】列表中。如果想要临时断开蓝牙设备，可以在【我的设备】列表中单击该设备来断开蓝牙设备。如果蓝牙设备不再需要使用，可以单击蓝牙设备右侧的【…】按钮，然后单击【移除】选项来移除蓝牙设备，如图4-46所示。

图6-46　断开或移除蓝牙设备

3）设置鼠标

鼠标是计算机的常用输入设备。使用鼠标可以使操作更加简便快捷。对于笔记本电脑用户，当没有鼠标时，也可以使用触控板代替鼠标进行操作。

通用设置：

①在设置界面，单击【鼠标】选项，进入鼠标界面。

②用户可以根据个人习惯调整鼠标相关参数项，如鼠标主按钮、指针大小、单击速度、滚轮速度等，如图6-47所示。

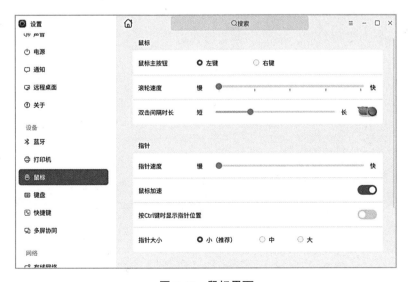

图6-47　鼠标界面

任务验证

员工若能在 Kylin 操作系统环境中正常使用打印机打印文档、用扫描仪扫描文件，并能熟悉 U 盘和蓝牙鼠标的基本操作，即此任务完成。

练习与实践 6

一、理论习题

1. 选择题

（1）下面哪个说法是正确的？（   ）

A. 一个 MBR 磁盘只有一个扩展分区

B. 一个扩展分区只有一个逻辑分区

C. 一个 MBR 磁盘最多可以有 3 个主分区

D. 一个 MBR 磁盘必须要有一个扩展分区

（2）（多选）下面说法正确的是（   ）。

A. 格式化不会导致磁盘中的文件被清除

B. /user 目录用于存放普通用户的数据

C. /etc 目录用于存放各种配置文件

D. 用户将磁盘格式化后可以立即使用

E. /dev 目录用于保存设备文件

F. 格式化可以把分区格式化成不同的文件系统

2. 填空题

（1）磁盘分为多种类型，按接口类型可以分为 _____、_____、_____、_____、_____ 型硬盘。

（2）在 Linux 操作系统中，sd 是用来标识 _____、_____、_____ 类型的硬盘。

（3）新建的分区若能正常使用还需要 _____。

（4）调整分区空间的前提是 _____。

（5）分区格式化的前提是 _____。

（6）查找打印机时可通过 _____、_____、_____ 方式查找到对应的打印机。

3. 简答题

简述新建分区的步骤。

二、项目实训题

1. 项目背景

Jan16 公司信息中心员工小王由于工作原因，其办公使用 Kylin 操作系统的数据盘存储了大量工作文件导致数据盘空间不足，幸好小王的办公电脑数据盘所在的磁盘还有未分配的空间 50GB，因此小王打算把未分配的空间扩容到数据盘。此外，新来的员工小宋使用的 Kylin 操作系统并未连接公司的打印机、扫描仪等外设设备，造成了打印文件和扫描文件的不方便。

2. 项目要求

（1）对小王使用的数据盘进行扩容，把未分配的 50GB 容量扩容到数据盘。

（2）对小宋使用的 Kylin 操作系统进行设置，要求连接到打印机和扫描仪。通过 IP 查找到打印机，安装打印机驱动程序后打印测试页，以测试是否安装成功。

项目 7　Jan16 公司办公电脑系统维护

 项目目标

知识目标：

（1）了解 Kylin 操作系统维护的方法。

（2）了解 Kylin 工具箱应用软件的组成。

能力目标：

（1）能使用工具箱应用软件管理设备。

（2）能使用系统监视器监视系统性能。

（3）能进行系统备份与还原。

素质目标：

（1）通过分析国产自主可控软硬件研发案例，树立职业荣誉感、爱国意识。

（2）通过对 Kylin 与 Windows 操作系统功能的对比分析，激发创新和创造意识。

（3）树立网络安全、信息安全的意识。

项目描述

Jan16 公司信息中心由信息中心主任黄工、系统管理组的系统管理员赵工和宋工 3 位工程师组成，其组织架构图如图 7-1 所示。

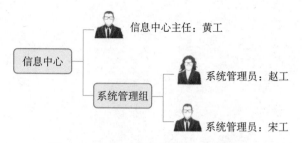

图 7-1　Jan16 公司信息中心组织架构图

信息中心办公网络拓扑结构图如图 7-2 所示，PC1、PC2、PC3 均采用国产鲲鹏主机，且已经安装 Kylin 操作系统并完成了相关配置和软件的安装。

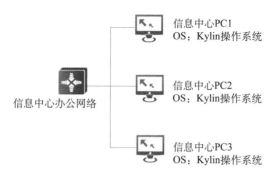

图 7-2　信息中心办公网络拓扑结构图

为了能更好地进行日常办公，PC1、PC2、PC3 均需进行系统维护，需要使用工具箱应用软件管理设备，需要使用系统监视器监视系统性能，出现异常时需要进行系统的备份与还原。

在 Kylin 操作系统中，使用工具箱应用软件和系统监视器可以更好地进行日常办公。

因此，本项目需要系统管理员熟悉系统维护的方法，会熟练使用工具箱应用软件、系统监视器，能根据需要进行系统的备份与还原。本项目涉及以下工作任务。

（1）使用工具箱应用软件管理设备；

（2）使用系统监视器监视系统性能；

（3）系统备份与还原。

相关知识

7.1　工具箱应用软件

计算机是由多种硬件组合而成的，包括存储器、运算器、控制器及输入 / 输出设备，每种硬件的品牌和型号众多，使用 Kylin 操作系统预装的工具箱应用软件，可以方便地查看和管理硬件设备，还可查看参数状态。

7.2　进程介绍

进程（Process）是计算机中已运行程序的实体，是程序的一个具体实现。每个

Linux 进程在被创建的时候，都会被分配一段内存空间，即系统给该进程分配逻辑地址空间。

- 每个进程都有一个唯一的进程 ID（PID），用于追踪该进程。
- 任何进程都可以通过复制自己地址空间的方式创建子进程，子进程中记录着父进程的 ID（PPID）。
- 第一个系统进程是 init，其他所有进程都是其后代。

7.3　进程的优先级

进程的 CPU 资源（时间片）分配就是指进程的优先级（priority），优先级高的进程有优先执行权。配置进程的优先级对多任务环境下的 Linux 很有用，可以改善系统性能。

- PRI，即进程的优先级，表示程序被 CPU 执行的先后顺序，值越小进程的优先级越高；
- NI，即 nice 值，表示进程可被执行的优先级的修正数值，可理解为"谦让度"；
- 进程的 nice 值不是进程的优先级，但是可以通过调整 nice 值影响进程的优先级。

任务 7-1　使用工具箱应用软件管理设备

任务规划

工具箱应用软件也称"设备"，是查看和管理硬件设备的工具，可针对运行在操作系统的硬件设备，进行参数状态的查看、数据信息的导出等，还可以禁用或启动部分硬件驱动程序。

使用工具箱
应用软件
管理设备

为了能更好地进行日常办公，Jan16 公司信息中心办公电脑 PC1、PC2、PC3 均需进行系统维护。

为满足 Jan16 公司信息中心对 Kylin 操作系统的日常管理，更好地进行日常办公，需要使用工具箱应用软件管理硬件设备。

任务实施

1. 运行工具箱应用软件

①单击任务栏上的开始菜单图标，打开开始菜单。

②上下滚动鼠标滚轮浏览或通过搜索找到工具箱图标并单击，打开工具箱主界面，如图 7-3 所示。

图 7-3　工具箱主界面

2. 关闭工具箱应用软件

①在工具箱主界面单击█按钮，退出工具箱应用软件。

②在工具箱主界面单击█按钮，在弹出的菜单中选择【退出】选项，退出工具箱应用软件。

3. 查看硬件信息

①工具箱主界面默认为【整机信息】选项，该界面显示系统概况信息，包括操作系统版本、系统位数、内核架构等，如图 7-4 所示。

图 7-4　系统概况信息

②单击左侧导航栏中的【硬件参数】选项，切换到硬件参数界面，该界面中有【处理器】【主板】【内存】【网卡】等选项卡，可查看对应的设备信息及设备详情。

例如，查看处理器信息，操作过程如下。

● 在工具箱的硬件参数界面，打开【处理器】选项卡。

● 界面显示处理器信息，内容包括处理器的名称、制造商、核心数等信息，如图 7-5 所示。

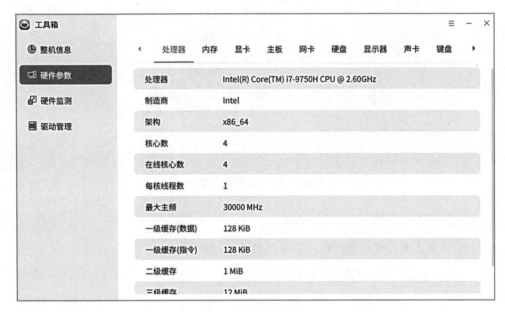

图 7-5　处理器信息

③在硬件参数界面中显示的设备详情见表 7-1。

表 7-1　设备详情

设备	详细信息
桌面环境	处理器、用户名、主机名、语言、内核等信息
处理器	处理器的详细信息，包含制造商、核心数、每核线程数等信息
内存	内存的型号、制造商、大小、类型、数据宽度及速度等信息
主板	主板型号、制造商、发布日期、BIOS 等信息
磁盘	磁盘容量、设备名、磁盘型号、磁盘厂商
网卡	网络设备的名称、制造商、物理地址等信息
显示	显示设备的名称、制造商、显存、分辨率及驱动程序等信息
声卡	声卡的总线地址、声卡驱动和声卡型号

续表

设备	详细信息
输入设备	输入设备的硬件地址、设备类型和设备型号
互联设备	互联设备的功能、配置、ID 和设备型号
多媒体	多媒体的总线地址、设备类型、制造商和数据宽度等信息
光驱	光驱设备的型号、制造商及类型等信息

 任务验证

使用工具箱应用软件查询系统硬件信息。

①运行工具箱应用软件，查看硬件信息，工具箱界面默认显示如图 7-6 所示。

◎ 工具箱			≡　－　×
◎ 整机信息	整机制造商	VMware, Inc.	
硬件参数	整机型号	VMware Virtual Platform	
硬件监测	序列号	VMware-56 4d 77 79 fd 1f aa 0b-e2 fc 06 a7 98 2d 43 b1	
驱动管理	系统位数	64bit	
	内核架构	x86_64	
	主机名	jan16-vmwarevirtualplatform	
	操作系统版本	Kylin V10 SP1	
	内核版本	5.10.0-8-generic	
	处理器	Intel(R) Core(TM) i7-9750H CPU @ 2.60GHz(4x1)	
	内存	4GB Not Specified DRAM Unknown	
	主板	440BX Desktop Reference Platform	
	硬盘	VMware Virtual S(128 GB)	

图 7-6　工具箱界面默认显示

②查看处理器信息，如图 7-7 所示。

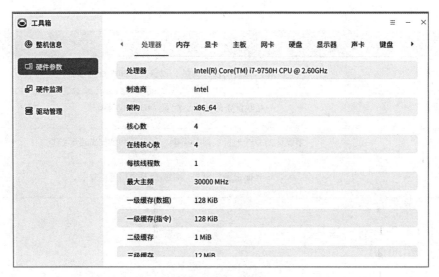

图 7-7　处理器信息

任务 7-2　使用系统监视器监视系统性能

任务规划

系统监视器是一个对硬件负载、程序运行及系统服务进行监测和管理的系统工具。系统监视器可以实时监控处理器状态、内存占有率、网络上传 / 下载速度等，还可以管理程序进程和系统服务，支持搜索和强制结束进程。

为了能更好地进行日常办公，需对 Jan16 公司信息中心的 PC1、PC2、PC3 进行系统维护。

使用系统
监视器监视
系统性能

为满足 Jan16 公司信息中心对 Kylin 操作系统的日常管理，需要使用系统监视器监视并优化系统性能，操作步骤如下。

（1）搜索进程；

（2）硬件监控；

（3）程序进程管理。

任务实施

1. 搜索进程

①单击任务栏上的开始菜单图标，打开开始菜单。

②上下滚动鼠标滚轮浏览或通过搜索找到系统监视器图标并单击运行，打开的系统监视器主界面如图 7-8 所示。

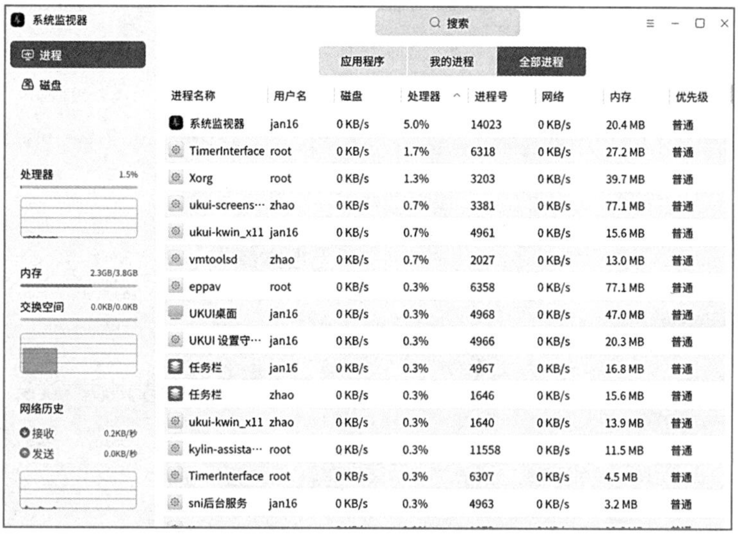

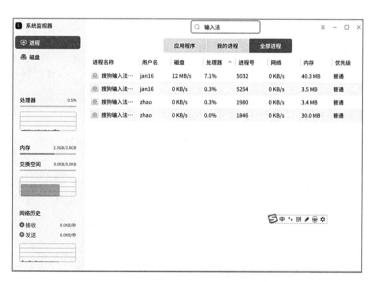

图 7-8   系统监视器主界面

③在系统监视器主界面中可以通过顶部的搜索框搜索想要查看的应用进程，具体操作步骤如下：

在系统监视器主界面顶部的搜索框中输入关键字，然后按【Enter】键搜索进程，如图 7-9 所示。

图 7-9   搜索进程

④输入关键字后即可快速定位搜索结果。

● 当搜索到匹配的进程时，界面会显示搜索的结果列表；

● 当没有搜索到匹配的进程时，界面会显示"无搜索结果"，如图 7-10 所示。

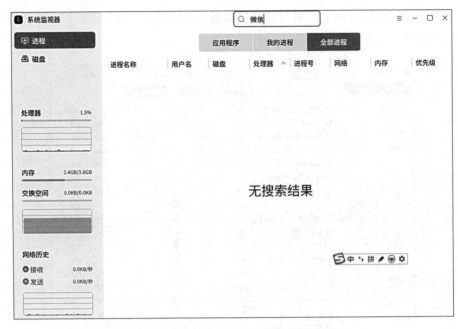

图 7-10　没有搜索到匹配的进程的界面显示

2. 硬件监控

系统监视器可以实时监控计算机的处理器、内存及网络等状态。

1）资源

在系统监视器左侧的导航栏中，使用示波图和百分比数字显示处理器、内存和网络的负载情况，曲线会根据波峰、波谷高度自适应示波图的高度，如图 7-11 所示。

内存监控区域使用数字和图形实时显示内存占有率，还可以显示内存总量和当前占有量、交换分区内存总量和当前占有量。

网络监控区域可以实时显示当前网络接收 / 发送速度，还可以通过波形显示最近一段时间的接收 / 发送速度趋势。

2）磁盘

磁盘可以用于查看设备分区的磁盘容量分配，包括设备、路径、磁盘类型、总容量、空闲容量、可用容量和已用容量等状态，如图 7-12 所示。

图 7-11　资源界面

图 7-12　磁盘界面

3. 程序进程管理

1）切换进程界面

在系统监视器的进程界面，可以选择【应用进程】【我的进程】【全部进程】选项，分别显示对应的进程界面，如图 7-13 所示。

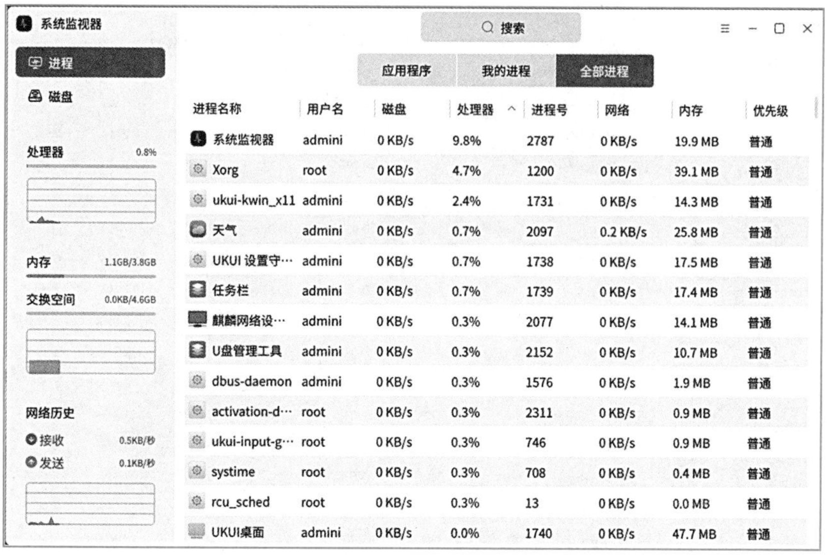

图 7-13　切换进程

2）调整进程排序

在进程列表中可以通过单击对进程名称、用户名、磁盘、处理器、进程号、网络、内存及优先级进行排序，如图 7-14 所示。

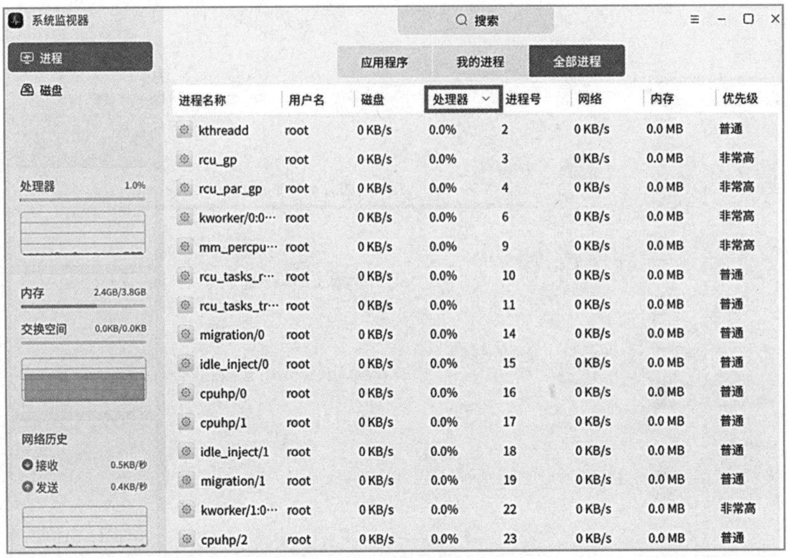

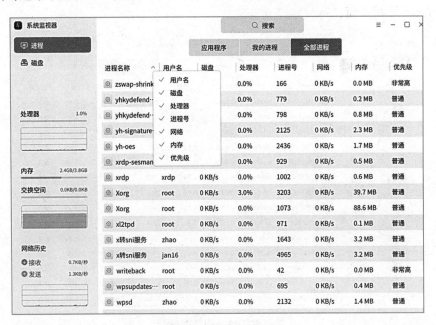

图 7-14　进程排序

在系统监视器主界面单击进程列表顶部的标签，进程会按照对应的标签排序；双击标签可以切换升序和降序。

在系统监视器主界面右键单击进程列表顶部的标签栏，打开快捷菜单，如图 7-15 所示，取消勾选某个选项可以隐藏一个队列，再次勾选可以恢复显示。

图 7-15　标签栏快捷菜单

3）结束进程

结束进程的操作步骤如下。

①在系统监视器主界面，右击需要结束的进程，即可打开如图 7-16 所示的快捷菜单。

②选择【结束进程】选项。

③在系统弹出的对话框中单击【结束进程】按钮，确认结束该进程，如图 7-17 所示。

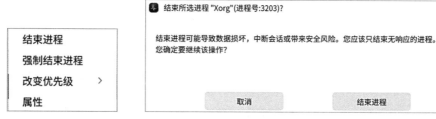

图 7-16　进程快捷菜单　　　　　　　图 7-17　结束进程

4）强制结束进程

强制结束进程的操作步骤如下。

在系统监视器主界面，右击某个进程，在快捷菜单中选择【强制结束进程】选项，则该进程将会强制停止并移除。

5）改变进程优先级

改变进程的优先级的操作如下。

在系统监视器主界面，右击某个进程，在快捷菜单中选择【改变优先级】选项，选择一种优先级，如图 7-18 所示。

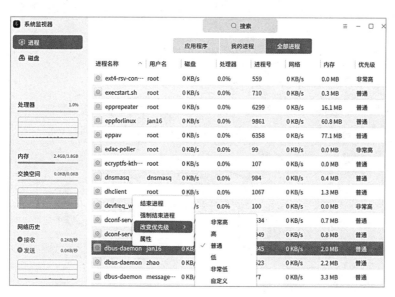

图 7-18　改变进程优先级

6）查看进程属性

查看进程属性的操作步骤如下。

①在系统监视器主界面，右击某个进程，弹出进程快捷菜单，如图 7-16 所示。

②选择【属性】选项，在打开的界面中可以查看进程的名称、命令行及开始时间等，如图 7-19 所示。

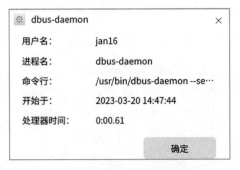

图 7-19 进程属性界面

任务验证

为了验证系统监视器是否能够监视系统性能，进行下述操作。

①进入系统监视器主界面，搜索进程——输入法，搜索结果如图 7-20 所示。

图 7-20 输入法搜索结果

②改变某进程的优先级，操作过程界面如图 7-21 所示。

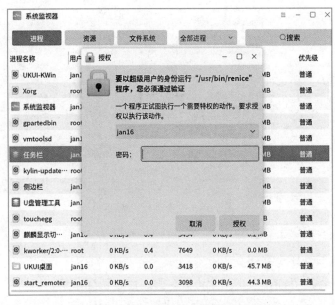

图 7-21 改变进程优先级操作过程界面

任务 7-3　系统备份与还原

系统备份与
还原

任务规划

为了避免因软件缺陷、硬件损毁、人为操作不当、黑客攻击、计算机病毒、自然灾害等因素造成数据丢失或损坏，可以进行应用数据或系统数据的备份与还原，以保障系统的正常运行。

为了能更好地进行日常办公，Jan16 公司信息中心的 PC1、PC2、PC3 均需进行系统维护。本任务主要包括以下操作环节。

（1）系统备份和数据备份；

（2）系统还原和数据还原。

任务实施

1. 系统备份

1）新建系统备份

①单击备份还原图标，在打开的备份还原主界面中，左侧导航栏有【系统备份】【系统还原】【数据备份】【数据还原】【操作日志】【Ghost 镜像】选项，如图 7-22 所示。

图 7-22　备份还原主界面

②在备份还原主界面，单击左侧导航栏中的【系统备份】选项，右侧显示【新建系统备份】和【系统增量备份】，选中【新建系统备份】，单击【开始备份】按钮，如图 7-23 所示。

③系统弹出【备份还原 - 新建系统备份】对话框，根据需求指定路径，包括【本地默认路径】【移动设备】两种方式，最后填写【备注信息】，如图 7-24 所示。

图 7-23　新建系统备份

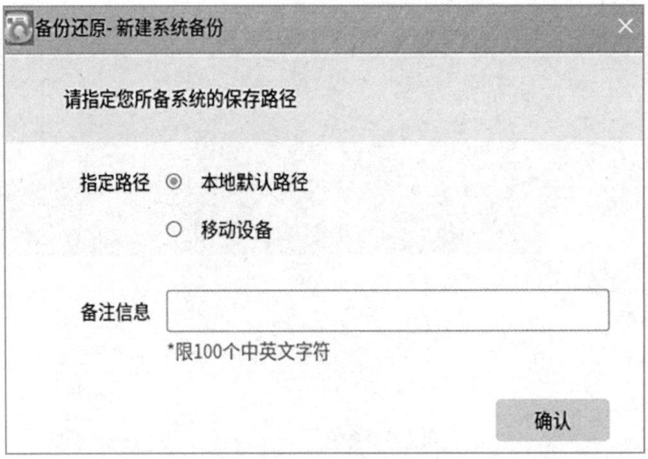

图 7-24　【备份还原 - 新建系统备份】对话框

④确认路径及备注信息后，单击【确认】按钮，系统弹出【备份系统】对话框，单击【确定】按钮，如图 7-25 所示；系统弹出【警告】对话框，单击【继续】按钮，如图 7-26 所示。

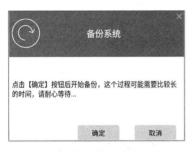

图 7-25　【备份系统】对话框　　　　图 7-26　【警告】对话框

⑤完成步骤④后，如图 7-27 所示，开始进行备份，等待备份完成后单击【确定】按钮即可。

2）系统增量备份

①在备份还原主界面，选中【系统增量备份】选项，单击【开始备份】按钮，系统弹出【系统备份信息列表】对话框，可以看到之前备份的信息，包括备份名称、备份时间及备份设备，如图 7-28 所示。

图 7-27　正进行备份　　　　图 7-28　【系统备份信息列表】对话框

②在【系统备份信息列表】对话框，选中要进行增量备份的选项，单击【确定】按钮，系统弹出【开始备份】对话框，单击【确定】按钮，系统弹出【警告】对话框，单击【继续】按钮，开始进行备份，等待备份完成即可，如图 7-29所示。

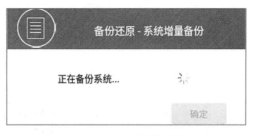

图 7-29　正在备份系统

2.数据备份

1）新建数据备份

①在备份还原主界面，单击左侧导航栏中的【数据备份】选项，右侧显示【新建数据备份】和【数据增量备份】，如图 7-30 所示。

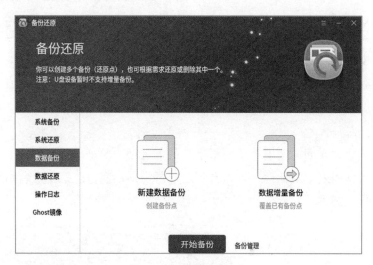

图 7-30　数据备份界面

②选中【新建数据备份】选项，单击【开始备份】按钮，在系统弹出的【备份还原 - 新建数据备份】对话框中，输入需要备份的数据目录或者文件名，并单击【添加】按钮，完成后单击【确定】按钮，如图 7-31 所示。此时系统会弹出【备份数据】对话框及【警告】对话框，如图 7-32 和 7-33 所示。

注意：用户可以单击【选择】按钮，使用图形化界面的方式选择需要备份的文件。

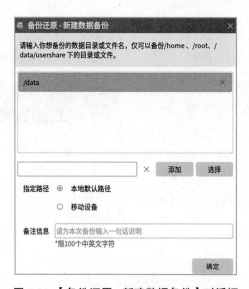

图 7-31　【备份还原 - 新建数据备份】对话框

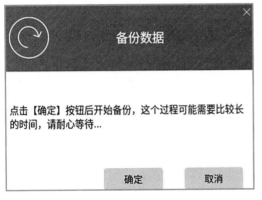

图 7-32　【备份数据】对话框

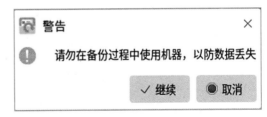

图 7-33　【警告】对话框

③完成步骤②的操作后，等待数据备份完成即可，如图 7-34 所示。

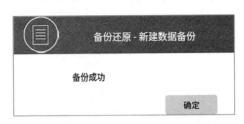

图 7-34　数据备份成功

④在进行数据备份之后，在"/home/jan16/ 图片"文件夹中创建三个格式分别为 dps、et、wps 的文件，如图 7-35 所示。

图 7-35　新建文件

2）数据增量备份

①在备份还原主界面上，单击【数据备份】选项。

②选中【数据增量备份】选项，单击【开始备份】按钮，在系统弹出的【数据备份列表信息】对话框单击选中需要进行增量备份操作的条目，随后单击【确定】按钮，如图7-36所示。

图7-36 【数据备份列表信息】对话框

③系统弹出【备份还原 - 数据增量备份】对话框，添加想要备份的目录或文件名，如图7-37所示，单击【确定】按钮，等待备份，此时会弹出【警告】对话框，单击【继续】按钮，等待一段时间后备份完成，如图7-38所示。

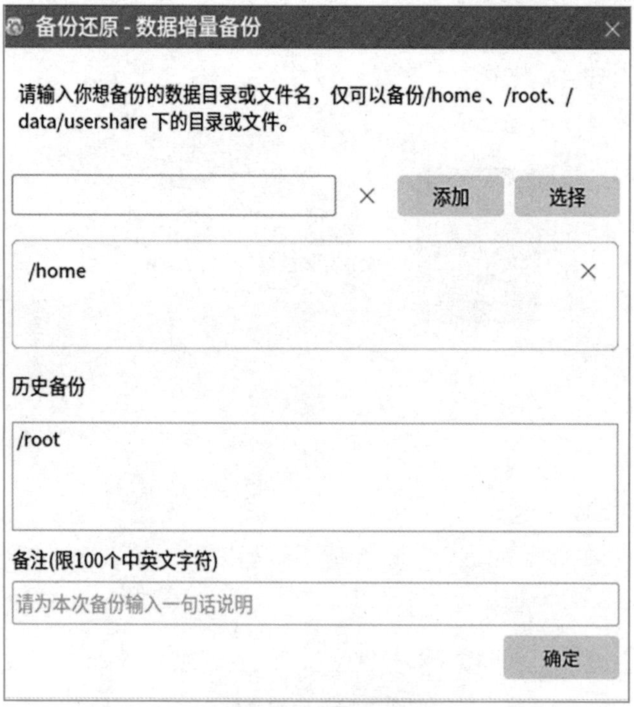

图7-37 数据增量添加

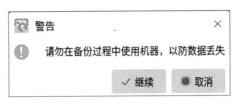

图 7-38　警告提示

3. 系统还原

①在备份还原主界面左侧导航栏中单击【系统还原】选项，根据需要自主选中是否保留用户数据，单击【一键还原】按钮，如图 7-39 所示。

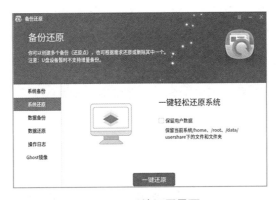

图 7-39　系统还原界面

②系统弹出【系统备份信息列表】对话框，选中还原的对象，单击【确定】按钮，如图 7-40 所示；系统弹出【警告】对话框，单击【继续】按钮，弹出的提示对话框提示系统自动重启，如图 7-41 所示。

图 7-40　选中还原的对象

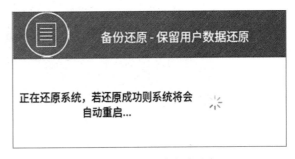

图 7-41　提示系统自动重启

③重启时，在启动界面选中【Kylin V10 SP1（系统备份还原模式）】选项，如图 7-42所示。

图 7-42　启动界面

④进入系统备份还原模式界面后，选中【Kylin V10 SP1 (restore-retain-userc)】选项，等待备份还原完成即可，如图 7-43 所示。

图 7-43　系统备份还原模式界面

4. 数据还原

①在备份还原主界面，单击【数据还原】选项，在【数据还原】界面单击【一键还原】按钮，如图 7-44 所示。

图 7-44　数据还原界面

②此时系统弹出【数据备份列表信息】对话框，选择相应的数据对象进行还原，如图 7-45 所示；单击【确定】按钮，系统弹出【警告】对话框，单击【继续】按钮即可开始还原，如图 7-46 所示。

图 7-45　选择还原对象

图 7-46　警告提示

任务验证

为了验证系统管理员是否掌握了对系统及数据进行备份与还原，现进行下列操作。

（1）对 Jan16 公司信息中心赵工的计算机进行系统备份，结果如图 7-47 所示。

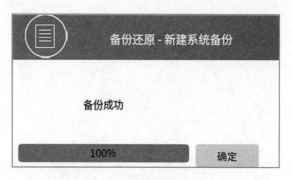

图 7-47　系统备份成功

（2）对 Jan16 公司信息中心赵工的计算机进行数据备份，如图 7-48 示。

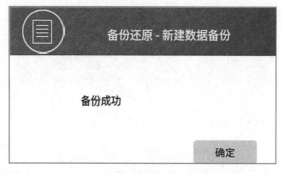

图 7-48　数据备份成功

（3）赵工的计算机由于数据丢失需要进行数据还原，现通过备份还原工具进行数据恢复，如图 7-49 和图 7-50 所示。

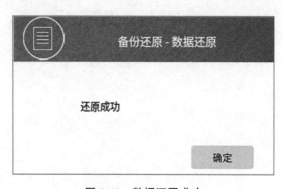

图 7-49　数据还原成功

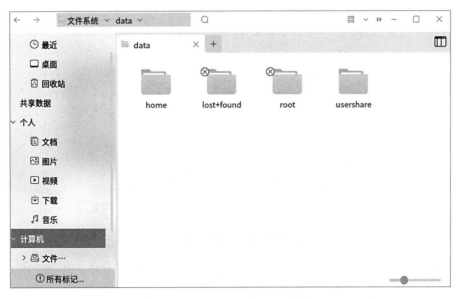

图 7-50　/home/jan16 数据还原后界面

练习与实践 7

一、理论习题

1. 选择题

系统监视器是一个对硬件负载、程序运行及系统服务进行（　　　）的系统工具。

A. 监测与管理　　　　B. 运行与服务　　　　C. 下载与上传　　　　D. 打印与扫描

2. 填空题

（1）使用（　　　）+（　　　）+（　　　）快捷键可以打开系统监视器。

（2）备份模式包括新建备份和（　　　）。（　　　）是备份全磁盘的系统文件和用户文件。
（　　　）是备份根分区、启动分区。

（3）备份时可以指定路径为本地默认路径或（　　　）。

（4）Kylin 操作系统预装了（　　　），可以方便地查看和管理硬件设备，针对运行在操作系统上的硬件设备，可进行参数状态查看、数据信息导出等操作。

二、项目实训题

1. 项目背景

公司研发部由研发部主任赵工、软件开发组钱工和孙工、软件测试组李工和简工 5 位工程师组成，组织架构图如图 7-51 所示。

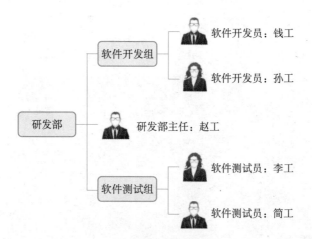

图7-51 研发部组织架构图

为了满足研发部日常办公需求，办公电脑预装了 Kylin 操作系统，并完成相关软件的安装和配置，现在需要对系统进行维护，管理硬件设备，监视系统运行状态，管理程序进程和系统服务。

2.项目要求

（1）根据项目背景制定了研发部办公电脑系统维护规划表，见表7-2。

表 7-2 研发部办公电脑系统维护规划表

PC	设备管理器	系统监视器	备份与还原
赵工	查看系统硬件信息 查看打印机、键盘、鼠标信息	硬件监控 调整进程排序 结束 QQ 进程 改变 QQ 进程优先级	（1）通过控制中心对研发部赵工的电脑进行系统备份。 2）赵工的电脑由于系统崩溃需要还原系统，通过控制中心进行系统还原
李工	查看系统硬件信息 查看打印机、键盘、鼠标信息	硬件监控 调整进程排序 结束微信进程 改变微信进程优先级	（1）通过控制中心对研发部李工的电脑进行系统备份。 （2）李工的电脑由于系统崩溃需要还原系统，通过控制中心进行系统还原
孙工	查看系统硬件信息 查看打印机、键盘、鼠标信息	硬件监控 调整进程排序 结束输入法进程 改变输入法进程优先级	（1）通过控制中心对研发部孙工的电脑进行系统备份。 （2）孙工的电脑由于系统崩溃需要还原系统，通过控制中心进行系统还原

（2）根据表7-2，在赵工、李工、孙工的电脑上进行系统维护，并截取以下系统截图。
①截取设备管理器界面，并截取各硬件信息的详情；
②截取系统监视器界面，并截取进程调整的界面；
③截取设置系统备份与还原的界面。